AMC

427
RADIO RESISTANCE

TRANS AM
Firestone
WIDE OVAL

DARWIN HOLMSTROM

MUSCLE CARS

DIE FETTESTEN KARREN DER SECHZIGER

FOTOGRAFIEN VON RANDY LEFFINGWELL

DELIUS KLASING VERLAG

426 HEMI

Die englische Originalausgabe mit dem Titel »Top Muscle – The Rarest Cars from America's Fastest Decade« erschien 2013 bei Motorbooks, an imprint of Quayside Publishing Group Inc., Minneapolis.

Bibliografische Information der Deutschen Nationalbibliothek
Die Deutsche Nationalbibliothek verzeichnet diese Publikation in der Deutschen Nationalbibliografie; detaillierte bibliografische Daten sind im Internet über http://dnb.dnb.de abrufbar.

1. Auflage
ISBN 978-3-667-10309-3
Die Rechte für die deutsche Ausgabe liegen beim Verlag
Delius Klasing & Co. KG, Bielefeld

Aus dem Englischen von Knut Simon

Lektorat: Alexander Failing
Herausgeber: Darwin Holmstrom, Jordan Wiklund
Fotos (einschließlich Titel): Randy Leffingwell
Layout: Brad Springer, Simon Larkin
Schutzumschlaggestaltung: Jörg Weusthoff, Weusthoff Noël, Hamburg
Satz: Axel Gerber
Printed in China 2015

Delius Klasing Verlag, Siekerwall 21, D - 33602 Bielefeld
Tel.: 0521/559-0, Fax: 0521/559-115
E-Mail: info@delius-klasing.de
www.delius-klasing.de

Inhalt

GOODYEAR
JWJ-227

Teil 2 Mopar / AMC

FMC 427

Vorwort

Willkommen zu einer Auswahl außergewöhnlicher Fahrzeuge aus einer wohl einmaligen Sammlung!

Dieses Buch entstand aus einer Freundschaft heraus – der zwischen dem Ausnahmefotografen Randy Leffingwell, den beiden Brüdern, die sämtliche in diesem Buch präsentierten Muscle Cars in ihrer privaten Sammlung zusammengeführt haben, und mir. Diese Brüder, die gern ungenannt bleiben möchten, besitzen damit die wohl umfassendste Muscle-Car-Sammlung weltweit. Aus dieser haben wir einen, wie wir finden, besonders spannenden Querschnitt für *Muscle Cars* ausgesucht. Und so die fantastische Möglichkeit geschaffen, einige der seltensten Autos der Welt zu präsentieren, dies in Kombination mit Randy Leffingwells unvergleichlicher Fotografie.

Ich persönlich lernte Randy kennen, als er vor einigen Jahren sein Buch *American Muscle* über die bemerkenswerte Autosammlung von Otis Chandler verfasste und bebilderte. Danach traf ich ihn wieder, als er historische Traktoren in meiner Heimatstadt ablichtete. Ein Buch über amerikanische Scheunen und eines zum Thema Porsche folgten. Ich erinnere den fotografierenden Randy, der meinen eigenen 1997er Porsche 911 Turbo aus einem winzigen Träger heraus ablichtete, der auf der Anhängerkupplung seines Wagens fixiert war. Der Träger befand sich maximal 20 Zentimeter über Straßenniveau, was Randy nicht daran hinderte, mit mir im 911 im Schlepptau über die abenteuerlichsten Landstraßen zu kurven und dabei meterweise Film zu verschießen. Randy ist ein einmaliger Fotograf, weshalb ich sofort an ihn dachte, als es darum ging, eine fotografische Auswahl an außergewöhnlichen Autos in Buchform zu veröffentlichen.

Die beiden Auto-infizierten Brüder wiederum traf ich vor einigen Jahren, als sie bei mir ein 1969er Pontiac Trans Am Cabriolet unterstellten, welches sie kurz zuvor aus erster Hand erworben hatten. Das war aber nur die Spitze des Eisbergs, denn wenn man derart Auto-verrückt ist, wie die beiden es sind, kann es kein Halten geben. Die beiden besitzen also nicht nur eine Handvoll Muscle Cars, nein, wir reden hier über *Hunderte*. Haben Sie jemals ein 1969er Pontiac Trans Am Cabriolet zu Gesicht bekommen? Die Brüder haben gleich vier Stück. Oder wie wäre es mit acht Hemi 'Cuda oder Challenger Cabrios? Sie besitzen sogar zwei 1957er Ford Rancheros mit Leistungssteigerung ab Werk. Die beiden Halbprivatiers haben es zugelassen, mich ein wenig in ihre Leben einzuschleichen. Ich kann nur hoffen, dass sie nicht bedauern, mich getroffen zu haben. Doch im Gegensatz zu manchen Autos, die nach Auktionen in privaten Sammlungen verschwinden, sollen die Schätze der Brüder der Öffentlichkeit zugänglich sein. Das ist der erklärte Wille beider. Zunächst in Form des hier vorliegenden Buchs und im Rahmen von Autoshows, später vielleicht sogar in einem halböffentlichen Museum, zu dem es bereits Überlegungen gibt. Bis dahin wünsche ich viel Freude mit der aufregenden Kollektion der Brüder und der faszinierenden Fotokunst Randy Leffingwells.

Charley Lillard
Automobilhistoriker
Mitbegründer der »Muscle Car and Corvette Nationals« in Illinois

R.P.M.
X1000
FUEL
OIL
TEMP
ALT
CARB AIR

Teil 1
General Motors

Die Ära der klassischen Muscle Cars begann mit John Zachary DeLorean. DeLorean, damals bei General Motors (GM) verantwortlich für die Marke Pontiac, veranlasste gemeinsam mit seinen gleichermaßen unerschrockenen Entwicklern und Ingenieuren eine Aktion sondergleichen: Das seinerzeit stärkste Pontiac-V8-Triebwerk fand sich plötzlich in der herzlich herkömmlichen Mittelklasse-Karosserie des Tempest wieder. Ein Vorhaben, umgesetzt von DeLorean unter mutiger Ignorierung sämtlicher Verbote und Warnungen seitens der GM-Bosse. Mit diesem Schritt schuf er etwas, das nichts für sachliche Gemüter war und auch nicht sein sollte: die Gattung der Muscle Cars. Das Ganze ausgerechnet als Produkt von GM, einem Unternehmen, das wegen seiner überfürsorglichen Art, mit der es mündigen Kunden gegenüber oft auftrat, den abfälligen Spitznamen »General Mothers« trug. Nur mit einem so unerschrocken-selbstbewussten Typ wie dem oft unberechenbaren John Z. DeLorean war so etwas möglich geworden. Dass es bis heute unwiederholt blieb, dafür sorgte GM mit der Politik, kreative Charaktere aus dem Topmanagement auszugrenzen und gegen Business-Absolventen auszutauschen, die eher angesichts von Kalkulationstabellen Lust empfinden statt von Hochleistungsboliden.

Glücklicherweise hatte GM sein Konzept, Emotion und Kreativität das Licht auszublasen, im Herbst 1963 noch nicht perfektioniert, sodass DeLorean den Pontiac GTO doch noch auf die Welt loslassen konnte. Seitdem haben Generationen amerikanischer Auto-Enthusiasten DeLorean für seine kreative Auslegung der Gesetze gefeiert – nur den Anzugträgern in der GM-Chefetage war nicht zum Jubeln zumute. Diese hatten massive Probleme. In den frühen 1960er-Jahren fand GM sich nämlich an gleich zwei Fronten massiv unter Druck gesetzt. Zum einen hatte die Automobile Manufacturing Association (AMA) ihren Mitgliedern strikt untersagt, sich an Rennaktivitäten zu beteiligen. Ein eher symbolischer Akt, war die AMA in der Realität diesbezüglich doch nichts weiter als ein zahnloser Tiger, weshalb sich Ford und Chrysler öffentlich darüber hinwegsetzten, wann immer es ihren Geschäftszielen entsprach. Nicht so GM. Der schmerzliche Verzicht auf Rennprestige war begründet in der Angst des Riesenkonzerns, von der Regierung zerschlagen zu werden. Motto: Bloß nicht auffallen, an sämtliche Abmachungen halten. Die Sorge schien nicht unbegründet, war der GM-Marktanteil doch derart gewachsen, dass offizielle Stellen eine baldige Monopolstellung argwöhnten. Und dass die Regierung Ernst machte, hatte sie 50 Jahre zuvor bei der Zerschlagung des Giganten Standard Oil bewiesen. GM hätte also keinen Gewinn gezogen aus den Rennmeriten und der daraus resultierenden Publicity, die ihre Fahrzeuge errungen hätten.

Daher also der Groll von GM auf DeLorean, daher also war Pontiac dazu verdammt, den GTO als ein Ausstattungspaket des Pontiac Tempest zu vermarkten. Womit die blutleeren Anzugträger, die die obersten Stockwerke der GM-Zentrale besetzt hielten, freilich niemals gerechnet hätten: Die Kunden bestellten den GTO in Scharen! Pontiac hatte der Ära der klassischen Muscle Cars mit dem GTO den Anstoß gegeben und erlebte sie bis zu ihrem bitteren Ende 1974 mit, als der letzte mächtige Super Duty 445 Firebird die Fertigungslinie verließ. Es war eine turbulente Dekade, die beinahe den kompletten Tod der amerikanischen Hochleistungswagen erlebte. Doch die Autos, die GM in dieser Periode nur so widerstrebend produzierte, zählen bis heute zu den heißgeliebtesten US-Cars, die jemals gebaut wurden.

01

1970 Buick GSX Stage 1

Buick versuchte sich von Anbeginn am Genre der Muscle Cars, wenn auch das Hauptaugenmerk der Marke selbst in dieser Dekade auf den gediegeneren Modellen wie dem Riviera blieb. So war der Buick Gran Sport dann zwar auch ein starkes Stück, löste mit seinem eher einschläfernden Design jedoch keinen Kick bei den Baby-Boomern aus.

Technische Daten

Stückzahl:	678 (491 Saturn Yellow, 187 Apollo White)
Anzahl Stage 1 mit Schaltgetriebe:	118
Leistung (SAE):	350 PS (Standard 445), 360 PS (Stage 1)
Drehmoment:	692 Nm bei 2800 U/min

Ganz anders verhielt es sich dagegen bei der älteren Generation, die sehr wohl die Zeiten erinnerte, in denen Buick die sportliche Marke innerhalb des General-Motors-Konzerns gewesen war. Buicks Feuer spuckender Reihen-Achtzylinder hatte einen der heißesten Motoren dargestellt, die es am Vorabend des Zweiten Weltkrieges zu kaufen gab.

Zum Zeitpunkt des Beginns der Muscle-Car-Ära galten Buicks als Beförderungsmittel für konservative, wohlhabende, zumeist ältere Käufer. Selbst Buicks Muscle Cars bedienten größtenteils diese Zielgruppe – mit einer Ausnahme allerdings: dem GSX. Mit ihm war es einem der wildesten Muscle Cars überhaupt gelungen, den tyrannischen Torhütern des Status quo bei Buick erfolgreich zu entwischen. Getarnt unter der unauffälligen Bezeichnung »A9« als eine 1195,87 Dollar teure Option für den Buick Gran Sport, lieferte der GSX

genau den Glanz und den Style, den das Spitzenmanagement von Buick in den 1960er-Jahren tunlichst vermieden hatte. Vielleicht aus Angst, Dinge wie Spoiler, Lufthutzen und effektvolle Dekorstreifen könnten die Leute zu wildem Sex verleiten. Oder gar zum Tanzen. Wünschten Käufer die Kombination von wahrhafter Leistung und entsprechendem optischen Auftritt, wählten Sie zusätzlich das 113,75 Dollar »teure« Performance Package, besser bekannt unter der Bezeichnung »Stage 1 Option«.

Der 1970er GSX im Stage-1-Ornat war schlicht das Auto, welches Buicks Ruf als sportliche Marke erneuern sollte. Auch wenn man das aus dem bloßen Datenblatt des Wagens nicht sofort herauslesen konnte, denn ab Werk war der »normale« GSX mit einer Leistung von 350 SAE-PS angegeben. Abgesehen von so hübschen Details wie einem außen (!) auf der Motorhaube platzierten Drehzahlmesser, Hochleistungs-Scheibenbremsen vorn, einer im Verhältnis von 3,42:1 übersetzten Hinterachse, speziellem vorderem Stabilisator, verstärkten Stoßdämpfern vorn und hinten sowie verstärktem hinterem Stabilisator, umgarnte das Stage-1-Paket den Käufer mit zusätzlichen zehn PS.

Nun ja. Zumindest auf dem Papier.

GSX BY BUICK

STAGE 1
GS 455

20 30 40 50 60 70 80
RPM
BUICK

STAGE X
GOODYEAR

In Wirklichkeit waren es der leistungssteigernden Tricks, die der GSX Stage 1 in sich vereinte – schärfere Nockenwelle, größere Ventile, überarbeitete Vergaserbedüsung, gehärtete Ventilfedern –, viel zu viele, als dass am Ende ein Leistungsplus von lediglich zehn PS herausgekommen wäre. Und so zitiert die Zeitschrift *Muscle Car Review* in ihrer Septemberausgabe 2010 denn auch Ex-Buick-Ingenieur Danny Manner mit der Aussage, in Wahrheit habe Stage 1 satte 372 PS bei 5200 U/min gebracht. Die offizielle Angabe – 360 PS bei 4600 U/min – sei zwar korrekt gewesen, berücksichtigte aber eben nur die bei 4600 U/min zur Verfügung stehende Leistung, nicht die bei 5200 U/min. Buick hatte sich bewusst für die niedrigere Angabe entschieden, um den GSX für jene NHRA-Rennklasse qualifizierbar zu machen, die nur ein PS pro zehn Pfund Gewicht erlaubte. Echt sportlich ...

Nun sind PS zwar schön und gut, doch interessiert wahre Muscle-Car-Fans, die auch nur ein bisschen was von Mathematik verstehen, vor allem eines: Drehmoment! Davon lieferte der GSX mit seiner 445-Kubikzoll-Maschine mehr als genug, nämlich massive 692 Newtonmeter, die zudem bereits bei nur 2800 U/min zur Verfügung standen. Womit dieses Aggregat mehr Kraft besaß als jeder andere Motor, der je in einem Muscle Car verbaut wurde. Es erzeugte de facto das höchste Drehmoment, das je ein amerikanischer V8 überhaupt geliefert hatte. Und bis zum Erscheinen der Dodge Viper V10 im Jahre 2003 repräsentierte der 1970er Buick GSX Stage 1 gar das höchste Drehmoment aller jemals gebauten US-Automotoren! Schenkt man dem verstorbenen Astrophysiker und Muscle-Car-Guru Carl Sagan Glauben, wären 692 Newtonmeter imstande, die Erdrotation nachweislich – also messbar – zu erhöhen ... Das Rezept des GSX funktionierte also bestens. Einmal mehr verdeutlicht es den Unterschied zwischen grauer Theorie und Motor-brüllender Praxis. Denn während das Datenblatt dem GSX Stage 1 relativ blutarme 360 PS bescheinigte, machte ihn seine tatsächlich zur Verfügung stehende Leistung zum schnellsten Auto, das die Zeitschrift *Motor Trend* je getestet hatte. Das Fachmagazin trieb den Big Buick in 13,38 Sekunden über die Viertelmeile – und das auf Diagonalreifen ...

Im Gegensatz zu den meisten seiner Muscle-Car-Brüder besaß der GSX eine reichhaltige Ausstattung und Komfortmerkmale, die das Buick-Wappen weiterhin rechtfertigten. Nein, dies hier war kein abgespeckter nackter Straßenrenner, sondern einer der ausgewogensten Hochleistungswagen seiner Zeit. Mit ihm konnte man sogar Kurven fahren! Und das auch noch schnell! Buicks 445er Motor brachte glatte 150 Pfund weniger auf die Waage als der 455er von Pontiac und Oldsmobile oder das 454er Kraftwerk, welches Chevrolet verbaute. Das machte den GSX Stage 1 zum bestausbalancierten aller GM-Muscle-Cars.

Robert A. Kee erwarb das hier abgebildete Exemplar von Marquardt Buick (und Opel) in Barrington, Illinois, am 18. April 1970. Zu den Standard-Goodies, die ein mit A9-Paket ausgestatteter Gran Sport bot, addiert sich ein M20-Vierganggetriebe, was diesen GSX Stage 1 zu einem von nur 118 Exemplaren mit Handschaltung macht, sowie ein C5-Lenkgetriebe mit variabler Übersetzung (121,12 Dollar) und ein Sonomatic-Radio (69,51 Dollar).

GOODYEAR
POLYGLAS GT - G60-15

GSX
BUICK
STAGE X
LAND OF LINCOLN
ILLINOIS 70
GSX

02

1965 Chevrolet Z16 Chevelle Malibu SS396

Technische Daten

Stückzahl Coupés:	200
Stückzahl Cabriolets:	1
Leistung (SAE):	375 PS
Drehmoment:	569 Nm bei 3600 U/min

Mochte John Z. DeLorean der hausinternen GM-Spaßpolizei auch den Stinkefinger gezeigt haben mit seinem Vorgehen, eine fette Maschine einfach in einen kleinen Wagen zu versenken und diese Zumutung dann auch noch unzivilisierten Jugendlichen anzudienen: Chevrolet, ebenfalls Mitglied der GM-Familie, mochte nicht nachziehen. Nun – jedenfalls nicht gleich. Stattdessen entschied sich Chevy dazu, zunächst nur sein Markenzeichen, den Small-Block-V8, etwas anzufüttern. Das erbrachte eine respektable Mehrleistung, und leichter als die Big-Block-Motoren war diese Lösung auch noch.

Das anfängliche Zögern Chevrolets, seine größten Motoren in den Chevelle – eine Version von General Motors' mittelgroßem A-Body-Chassis, die Pontiac GTO, Buick Gran Sport und Oldsmobile 442 flankierte – zu implantieren, war vor allem auf den W-Head-Big-Block zurückzuführen. Dessen antiquierte Bauart wies ineffiziente Brennräume auf, eingelassen in die Kolbenböden anstatt in den Zylinderkopf, wie seinerzeit üblich. In seiner gängigsten Version mit 409 Kubikzoll war dieser Motor außerstande, Dampfhämmern wie dem Plymouth 426 Max Wedge Paroli zu bieten. Und obwohl seine 427er Variante einige Erfolge im Drag Racing erzielt hatte, waren die Tage dieses Motors 1964 eindeutig gezählt.

CHEVELLE
PARK

Dem Beispiel des überraschend erfolgreichen Pontiac GTO folgend, lotete Chevrolet daher die Grenzen des Small-Block-V8 aus. In der Folge entstanden rund zwölf Chevelles mit 365 PS aus 389 Kubikzoll Hubraum und versehen mit Dreifach-Vergaseranlage. Diese Exemplare erwiesen sich als derart populär, dass die Händler sie sogar zu Kursen verkaufen konnten, die bis zu 900 Dollar über dem ursprünglich geforderten Preis lagen. Ein erfreulicher Umstand, der Chevrolet eindrucksvoll bewies, dass es durchaus einen Markt gab für ein Muscle Car mit Frackschleifen-Emblem.

Was aber auch bedeutete, nun doch einen Big Block für den Chevelle in Betracht zu ziehen. Womit ein weiteres Problem verbunden war: Selbst dann, wenn Chevy sich für den vorhandenen, veralteten W-Head-V8 entschieden hätte, wären die Verantwortlichen mit der herrschenden GM-Doktrin kollidiert, nach der pro Pfund Gewicht nur ein Kubikzoll Hubraum erlaubt war. Nach dieser Richtlinie hätte der 3500 Pfund wiegende GTO höchstens 350 Kubikzoll Hubraum besitzen dürfen, seine tatsächlichen 389 CUI stempelten ihn also beinahe schon zu etwas wie einem Outlaw ab. Anstatt den höchst profitablen Gesetzesbrecher zu killen, hob GM stillschweigend die Hubraumgrenze auf 400 CUI an – was im Prinzip jedoch den 401 CUI großen W-Head-V8 erneut knapp abgeschossen hätte. Doch selbst wenn Chevy mit dem frechen Verbau des W-Head in den Chevelle davongekommen wäre, so wie Buick es sich mit seinem 401-CUI-Gran-Sport erlaubte – es hätte nichts an

der Tatsache geändert, dass Chevrolet dringend einen neuen V8 benötigte, um auf dem Muscle-Car-Schlachtfeld bestehen zu können.

Wie der Zufall es wollte, befand sich exakt so ein Motor in der Entwicklung: der Mark-II-Rennmotor. Vince Piggins, bei Chevy zuständig für die Hochleistungsprodukte, hatte bereits seit 1963 Versuche mit dem Mark II im Chevelle unternommen. Als GM die Zügel nun locker ließ, stand Piggins umgehend parat mit einer Big-Block-V8-Chevelle, ausgestattet mit dem weiterentwickelten Mark II, genannt Mark IV, und satten 396 Kubikzoll Hubraum.

Die L-37-Version des Mark IV schließlich entfachte im Chevelle Z16 375 PS und bot Eckdaten wie vierfach gelagerte gehärtete Kurbelwelle, gehärtete Kolben, Zylinderköpfe mit großen Einlässen, Alu-Ansaugbrücke mit Holley-Vergaser und Hydrostößel.

Kaum war das Projekt offiziell abgenickt, begann Piggins' Team damit, Chevrolets Einzug in das Muscle-Car-Segment serienreif zu machen. Nur wenig später, im Februar 1965, schlug der Chevrolet Z16 Chevelle Malibu SS 396 in den Showrooms ein wie eine Bombe. Wiederum verbarg sich das scharf gemachte Auto hinter einem nüchternen optionalen Ausstattungscode. Im Fall des Chevelle lautete er eben auf Z16.

Wie es sich für ein Muscle Car gehört, verfügte der Z16 Chevelle Malibu SS396 über sämtliche verfügbaren Performance-Extras, die es bei Chevrolet zu kaufen gab: verstärkte Stoßdämpfer, verstärkte Hinterachse, Viergang-Schaltgetriebe, spezieller Rahmen, Hochleistungsbremsen mit Bremskraftverstärker sowie eine spezielle Servolenkung. Und weil der Malibu die höchste Ausstattungsstufe des Chevelle darstellte, besaß er auch als Z16 Annehmlichkeiten wie Sicherheitsgurte vorn und hinten, einen prestigeträchtigen Tachometer bis 160 mph, Drehzahlmesser, AM/FM-Stereoradio, ein gepolstertes Armaturenbrett sowie elektrisch verstellbare Außenspiegel.

Das Ganze war nicht günstig; ein Z16 Chevelle kostete die für damalige Zeiten unglaubliche Summe von 4100 Dollar. Weil aber Chevrolet sein erstes Muscle Car nur in homöopathischen Dosen baute (1965 entstanden lediglich 200 Coupés und ein einziges Cabriolet), verkaufte das Unternehmen jedes einzelne Exemplar problemlos. Preis hin, Preis her. Etwa 65 Coupés existieren noch heute, das Schicksal des Cabriolets dagegen ist unbekannt. Das macht den Z16 Chevelle zu einem der seltensten Muscle Cars von allen. Das verschollene Cabrio einmal ausgenommen, handelt es sich bei dem gezeigten Fotowagen um den sicherlich wertvollsten Z16, denn es ist der erste jemals gebaute, von Chevrolet ursprünglich als Versuchswagen eingesetzt.

Die Chevrolet Engineering Vehicle Assignment List gibt als Baudatum dieses Z16 Chevelle die dritte Dezemberwoche des Jahres 1964 an. Als erstes von nur zwei Vorserien-Exemplaren, montiert in Baltimore, besitzt dieser spezielle Z16 einen 327er V8-Motor. Das zweite Vorserien-Auto soll nicht überlebt haben. Sämtliche anderen Z16 wurden ab Ende Februar in Kansas City, Missouri, gebaut. Das hier abgebildete Fahrzeug wurde vom Stammwerk an Chevrolet Engineering in Warren, Michigan, überstellt und dort an seinen Erstbesitzer Alfred Laskowski ausgeliefert, der mit hoher Wahrscheinlichkeit bei Chevrolet angestellt war. Die Vehicle Assignment List führt diesen allerersten Z16 unter der Nummer

CHEVELLE

56091 auf – eine Zahlenfolge, die sich sowohl auf der Vorderseite des Wartungshefts wiederfindet als auch auf der Innenseite des Kofferraumdeckels.

Unmittelbar nach seiner Fertigstellung übrigens bewegte diesen ersten jemals gebauten Z16 der bekannte Chevrolet-Ingenieur Don McPherson, dies während der gesamten intensiven Test- und Bewertungsphase. Die Vermutung liegt sehr nahe, dass das hier gezeigte Exemplar zu den fünf Z16 gehört, die im Februar und März 1965 auf dem Desert Proving Ground von GM als Testwagen dienten, als Chevrolet-Boss Semon »Bunkie« Knudsen den brandneuen Z16 der Fachpresse vorstellte.

Zweitbesitzer Tim Hunke erwarb dieses Auto exakt ein Jahr später, im Februar 1966.

03

1968 Yenko Super Camaro

Technische Daten

Stückzahl:	ca. 64
Motorisierung (V8):	427 CUI
Leistung (SAE):	450 PS
Drehmoment:	624 Nm
Getriebe:	Viergang-Schaltgetriebe

Obwohl sein Name ein Synonym für Super Camaro wurde, begann Don Yenko, Inhaber von Yenko Chevrolet in Canonsburg, Pennsylvania, mit dem Bau eigener leistungsfähiger Chevrolet, lange bevor Chevrolet den Camaro baute. Yenko war ein ausgebildeter Straßenrennfahrer und somit Zeuge der Erfolge von Carroll Shelby und dessen Cobras. Inspiriert von Shelby baute Yenko bald eigene Sportwagen, mit dem einzigen Unterschied, dass Yenko im Gegensatz zu Shelby auf Chevrolet statt auf Ford setzte. Yenkos Stinger Corvairs schöpften bis zu 240 PS aus ihren luftgekühlten Sechszylinder-Boxern – genug Power, um mit den leichtgewichtigen, kompakten Corvairs die »Full Size«-Muscle-Cars zu demütigen. Dass er seine Tricks auf den Camaro übertrug, kaum dass Chevrolet sein Pony Car für den Jahrgang 1967 vorgestellt hatte, war vorhersehbar gewesen.

Als Chevrolet endlich seinen Wettbewerber gegen den Ford Mustang präsentierte, besaß Yenko längst alle Voraussetzungen, um die ultimative Version dieses Autos auf die Räder zu stellen. Gleich 1967 orderte er diverse Camaro SS396, tauschte deren Motoren gegen L72-427er, fügte einen bunten Strauß an Sonderteilen hinzu (wie zum Beispiel einer Motorhaube aus Fiberglas mit Hutze im Corvette-Stil) und verkaufte davon schlussendlich immerhin 53 Exemplare, so man der handgeschriebenen Auflistung von damals trauen darf, die noch existiert. Angestachelt von seinem Erfolg, konfigurierte er auch den 1968er Camaro-Jahrgang auf diese Weise. So entstanden nach alten Händleraufzeichnungen schätzungsweise weitere 64 Yenko-Camaros – auch wenn die Angaben hier etwas variieren könnten.

427
YENKO
TUNED
CANONSBURG, PA.

1968 wählte Yenko die L78-396-Kubikzoll-Camaro-SS-Modelle und tauschte deren originale Short Blocks gegen 427er Short Blocks, die exakt in die Serienaufnahmen passten. Danach brachte er die Maschinen auf die Spezifikation 410 PS/L72 oder 450 PS/L88, abhängig davon, ob Viergang-Schaltgetriebe oder Dreigang-Automatikgetriebe verbaut waren. Beide Versionen besaßen die originalen 396er Köpfe mit großen Einlässen und Ventilen sowie Ansaugbrücken aus Aluminium, gekrönt von den identischen Holley-Vierfach-Vergasern, die auch den Camaro Z/28 befeuerten. An Getrieben verwendete Yenko das kurz übersetzte Muncie-M21-Viergang-Schaltgetriebe und die Turbo Hydra-Matic 400, die Serienautomatik des Camaro SS396, verfügbar am Lager jedes Händlers.

Der Jahrgang 1968 der Yenko-Camaros besaß Saginaw-Starrachsen mit Positraction-Sperrdifferenzial. Yenko-Camaros mit M21-Vierganggetriebe waren im Verhältnis 3,37:1 übersetzt, Fahrzeuge mit Turbo Hydra-Matic mit 3,31:1. Daneben bot Yenko Übersetzungen von 4,0:1, 4,10:1, 4,56:1und 4,88:1 an. Hatte Yenko die Fahrwerke der 1967er Camaros noch stark optimieren müssen, verbesserte Chevrolet zum Jahrgang 1968 die Serienausführung der Camaro SS396 spürbar, sodass Yenko hier kaum Handlungsbedarf sah. Die einzige Ausnahme stellten die von ihm nachgerüsteten Stabilisatoren an den hinteren Blattfedern dar, die ein Trampeln der Hinterachse beim Beschleunigen verhinderten – eine zur damaligen Zeit übliche Praxis. Die serienmäßigen vorderen Scheiben- und hinteren Trommelbremsen wurden von Yenko als ausreichend betrachtet und nicht angetastet.

Yenko stattete normalerweise seine Super Camaros mit optionalen Pontiac-Rallye-II-Rädern aus, weil diese das Aufziehen breiterer Reifen erlaubten. Eine kleine Anzahl Super Camaros jedoch erhielt optionale Atlas-Alufelgen, so wie das auf diesen Seiten gezeigte Exemplar.

GOODYEAR
WIDE TREAD CT
SS

Als optische Dreingaben montierte er Yenko-Embleme an den vorderen Kotflügeln, der Heckblende und den Kühlergrills. Zusätzlich applizierte er unverwechselbare Streifendekore an seinen Super Camaros – auch wenn die damit verbundene Handarbeit einen teilweise unterschiedlichen Look der Fahrzeuge mit sich brachte. Den serienmäßigen Innenraum wertete Yenko durch einen Drehzahlmesser und einen Tachometer bis 140 mph auf. Der hier gezeigte Yenko Camaro besitzt die Farbe Island Teal. Es ist der letzte 1968er Super Camaro, der im Yenko-Register verzeichnet wurde, jedoch nicht der letztgebaute.

04

1969 Douglass-Yenko Super Camaro

Technische Daten

Stückzahl:	ca. 25
Motorisierung (V8):	427 CUI, L72
Leistung (SAE):	425 PS
Drehmoment:	624 Nm
Getriebe:	Viergang-Schaltgetriebe

»Yenko Super 427 cu. in. Camaros jetzt im Angebot bei Jack Douglass Chevrolet«, posaunte die Werbeanzeige des Händlers aus Hinsdale, Illinois. »Volle Werksgarantie. 450 PS. Sämtliche Farben frei wählbar.« Nun sind ja alle Camaros aus dem Dunstkreis des Namens Yenko bereits Synonym für äußerst seltene und sehr spezielle Fahrzeuge, aber selbst in diesem erlauchten Kreis gibt es welche, die nochmals hervorstechen. Zu den seltensten unter den raren zählen zweifellos die Fahrzeuge, die Jack Douglass unter Yenko-Lizenz fertigte.

Jack Douglass Chevrolet hatte sich während der Muscle-Car-Ära einen Ruf als Top-Anlaufstelle für schnelle Chevys erarbeitet und war bekannt als Sponsor von Corvette-Eignern, die mit ihren Fahrzeugen bei den diversen nationalen Straßenrennserien starteten. Obwohl spezialisiert auf Corvettes, zählte Douglass zu Don Yenkos Händlernetzwerk der »bösen Jungs«. Douglass erbte seinen Händlerbetrieb, als er gerade einmal 23 Jahre alt war, was ihn zum damals jüngsten Chevrolet-Händler überhaupt machte. Er begriff sofort, was junge Käufer wünschten – weil er selber einer von ihnen war …

So zählte Douglass zu den Verkäufern, die Exemplare aus der ersten Charge Super Camaros erhielten, die Yenko auf die Welt losließ. In Illinois und Wisconsin hielt Douglass das Monopol auf den Vertrieb von Yenko-Fahrzeugen. Und brachte die Super Camaros dank seiner betuchten Kundschaft aus dem wohlhabenden Hinsdale auch sehr gut an den Mann. Exakt 15 Stück habe er verkauft, schrieb er am 29. August 2000.

Als Douglass eines Tages einen längeren Blick auf die Lieferscheine frisch eingetroffener Yenko Camaros warf, die er zufällig im Führerhaus des Autotransporters sah, kam er auf eine Idee. Die Papiere, die eigentlich nur für Yenko bestimmt waren, listeten akribisch die tatsächlichen Kosten der speziell konfigurierten Super Camaros auf. »Das kann ich auch!«, muss der feurige Jungspund gedacht haben, der schnell begriff, dass sich seine eigene Gewinnspanne dramatisch erhöhen ließe.

Als Yenko erfuhr, dass Douglass auf eigene Rechnung heiße Camaros bauen ließ und sie als Yenkos vermarktete, war er – verständlicherweise – aufgebracht. Er drohte damit, direkt nach Illinois zu fliegen und das zu tun, was im Amerikanischen so schön mit »to kick Jack Douglass's ass« umschrieben wird, doch dazu kam es nicht. Beide waren gewiefte Geschäftsleute, also trafen sie ein Arrangement. Es beinhaltete, dass Yenko an Douglass Dekorstreifen, Schriftzüge, Embleme und sämtlichen anderen Special-Yenko-Stuff lieferte. Douglass wiederum orderte fabrikneue 427er Camaros, komplettierte diese mit den Yenko-Insignien und schuf so die Douglass-Yenko Super Camaros.

sYc
Camaro

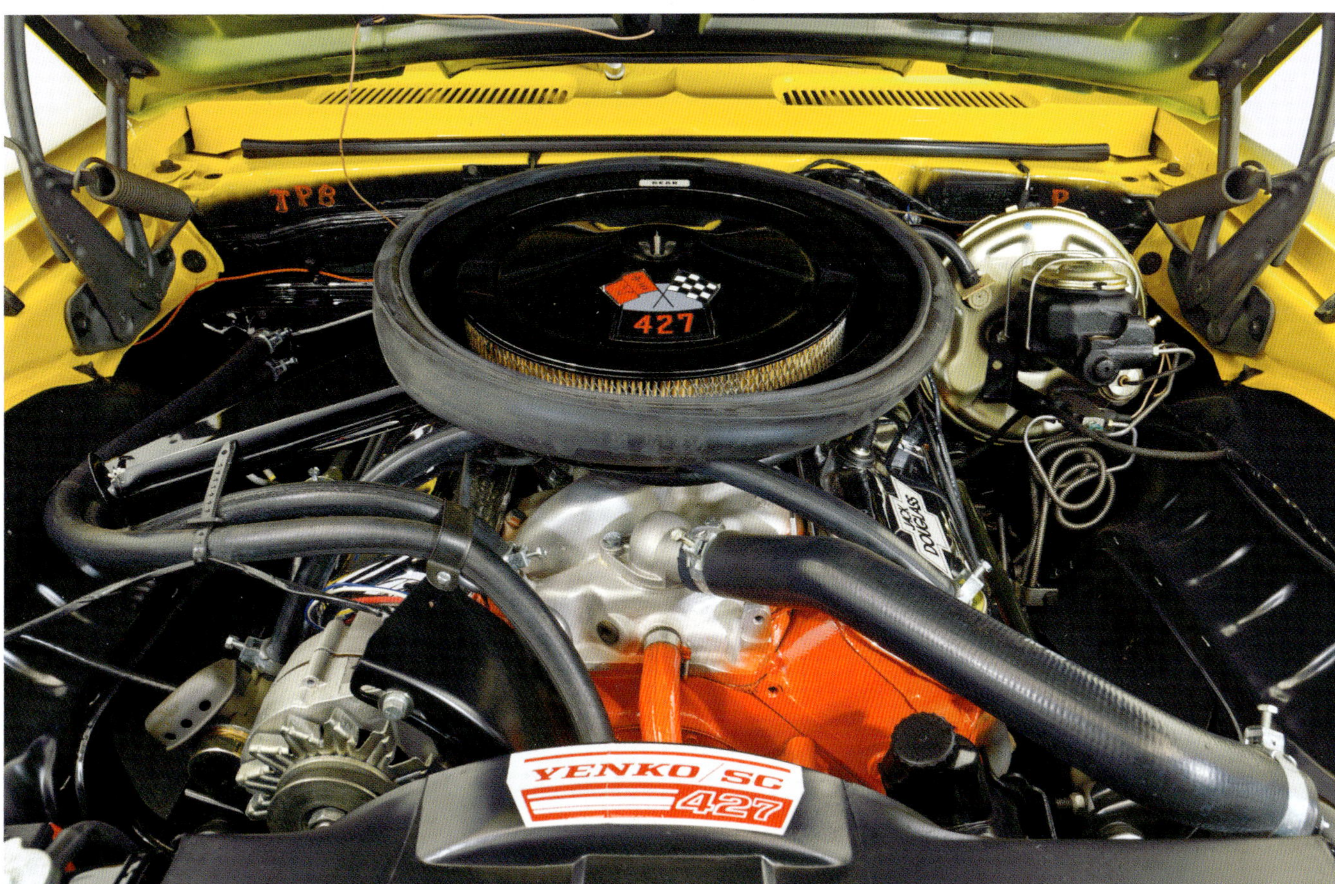
427
YENKO/SC
427

YENKO/SC

Camaro
YENKO

Douglass' Yenkos unterschieden sich von den »Originalen« nur unwesentlich. Im Gegensatz zu Yenko beließ Douglass die Chevrolet-Embleme auf den Wagen, verzichtete jedoch auf die »427«-Schriftzüge am Heck. Stattdessen prangte dort ein »Douglass«-Sticker. Nach eigenen Angaben baute Douglass nach diesem Muster 25 Douglass-Yenko Camaros.

Anders als die übrigen Douglass-Yenkos ist das hier gezeigte Auto eigentlich ein Yenko Super Camaro durch und durch, da es die entscheidende Zutat besitzt, die einen Yenko Camaro zum echten Super Car macht: die originale COPO (Central Office Production Order) 9561 L-72 High Performance Unit aus dem Chevrolet-Regal. Verbaut war also ein 427-Kubikzoll-V8 mit normalen Stößeln. Hatte Chevy die Leistung des Motors bei dessen Einführung im Jahre 1966 auch mit 450 PS angegeben, korrigierte das Unternehmen diesen Wert relativ schnell auf 425 PS. Die eingangs erwähnte Anzeige, die Jack Douglass 1969 in der »Chicago Tribune« veröffentlichte, spricht dagegen noch immer von 450 PS. Wahrscheinlich deshalb, weil Douglass die Angaben über die Super Camaros aus älteren originalen Yenko-Werbeanzeigen einfach übernommen hatte. Dort war die Leistung der »originalen«

Yenko Super Camaros nämlich ebenfalls stets mit 450 PS angegeben ...

Weil Douglass selbst aus einer wohlhabenden Familie stammte, kannte er die Wünsche seiner Hinsdaler Kundschaft gut. Die war deutlich betuchter als der durchschnittliche Camaro-Käufer, und so machte der junge Jack es sich zur Gewohnheit, seine Super Camaros mit unzähligen High-End-Extras auszurüsten. Was das angeht, macht das hier abgebildete Exemplar in Daytona Yellow keine Ausnahme. Es besitzt damals völlig neuartige elastische Endura-Stoßfänger, eine akustisch sehr eindrucksvolle Abgasanlage (»chambered exhaust«), Drehzahlmesser, zentrale Kraftstoffanzeige, Soft-Ray-Colorverglasung, X11-Trim-Package, AM/FM-Radio, Spoiler sowie das COPO 9737 Sports Car Conversion Package, das einen zusätzlichen Instrumentenblock mit 140-mph-Tacho beinhaltet. Dies alles macht das Auto zu dem wohl bestausgestatteten Yenko Super Camaro überhaupt.

Einer offiziellen COPO-Bewertung zufolge ist dieser Camaro jedoch nicht zu 100 Prozent original – angeblich wurde einst die Abgasregelung verändert (ausgerechnet, man stelle sich vor!). Sei es, wie es sei: Was Yenko Super Camaros angeht, ist dieses Exemplar so gut, wie es nur sein kann.

YENKO/SC
GOOD YEAR
WIDE TREAD GT

05

1970 Chevrolet LS6 Chevelle SS454

Technische Daten

Stückzahl:	4475
Motorisierung (V8):	454 CUI, LS6
Leistung (SAE):	450 PS
Drehmoment:	678 Nm bei 3600 U/min

Vergesst Chryslers oft gepriesenen Hemi. Hier steht der wahre König der Muscle Cars, der 1970er LS6 Chevelle. Mit der höchsten PS-Zahl, die jemals in der Ära der Muscles offeriert wurde: Seine Werksangabe von 450 PS bei erhabenen 5600 U/min in Kombination mit einem maximalen Drehmoment von beeindruckenden 678 Newtonmetern bei 3600 U/min verweist nachdrücklich sämtliche Leistungsdaten aller anderen Muscle Cars auf die hinteren Plätze. Allein die Corvette – ein lupenreiner Sportwagen – war in der Lage, mit dem LS6 Chevelle gleichzuziehen.

Chevrolet benötigte um 1970 herum einen deutlichen Imageschub. Jahrelang war die Bowtie-Marke vom eigenen Mutterkonzern reglementiert worden, was die Leistungsdaten ihrer Muscle Cars anging. Während bei Ford die Motoren auf bis zu 409 Kubikzoll gewachsen waren und Chrysler sogar die 440-Kubikzoll-Marke abfeierte, war Chevrolet dazu verdammt, bei 400 CUI zu verharren. Damn it! 1970 konnte man mit einem 400er Motor wahrlich keinen Blumentopf mehr im Segment der Muscle Cars gewinnen, weshalb das GM-Management nun doch einlenkte und seinen Marken erlaubte, das zu tun, was die zeitgenössischen »Tuner« wie Yenko, Baldwin Motors und Hurst bereits seit Jahren betrieben: nämlich die größten verfügbaren Motoren in Mittelklasse-Muscle-Cars zu stopfen.

Zwar gab es bereits den Basis-SS396 mit 402 CUI, eine Version des originalen Z16-Triebwerks, welches in zwei Varianten lieferbar war: als 350-PS-L34 und als stärkere 375-PS-Version (der »schwache« 325-PS-Motor wurde nicht mehr angeboten). Aber der wahre Power-Freak wollte den 454er Olymp besteigen! Chevrolet verlor also keine Zeit

dabei, seine dickste Maschine in den Chevelle zu hängen. Dies zufällig in dem Jahr, als besagter V8 von 427 CUI tatsächlich auf 454 CUI anwuchs ... Dessen LS5-Version brachte dann zwar nur 360 PS, also 15 weniger als die Top-402-CUI-Motorisierung, triumphierte jedoch mit seinem Drehmoment von 678 Newtonmetern klar über die kleinere Maschine mit ihren 563 Newtonmetern.

All diese Motorisierungen verblichen jedoch vor dem König namens LS6. Mit seinem 800-cfm-Holley-Vierfachvergaser auf einer Aluminium-Ansaugbrücke, normalen Stößeln, geschmiedeten Aluminiumkolben, die für einen Kompressionsdruck von 11,25:1 gut waren, sowie einem Hauptlager mit vier Deckelschrauben, die eine Kurbelwelle aus geschmiedetem Stahl hielten, entwickelte dieser Höllenmotor das gleiche Drehmoment wie der LS5, produzierte dabei jedoch 90 (!) zusätzliche PS. Das »reichte aus«, um einen LS6-befeuerten Chevelle in 13,7 Sekunden über die Viertelmeile zu treiben.

454

SS
Firestone

Chevrolet baute insgesamt 4475 Exemplare seines Königs der Muskeltiere, deren erstes gebautes Exemplar auf diesen Seiten zu sehen ist. Es wurde am 9. Dezember 1969 in Baltimore produziert, offiziell bezeichnet als »Pilot Car« und ausgeliefert an einen GM-Manager, der es zu Vorführ- und Demonstrationszwecken nutzte. Zwei handschriftliche Notizen finden sich auf dem Produktionszettel dieses ersten LS6 Chevelle: »Pilot Job« lautet die eine, die andere »Hätte es Flügel, würde es fliegen«. Beide sagen so ziemlich alles über dieses Auto aus. Es besitzt übrigens noch immer den originalen Antriebsstrang, mit dem es einst gebaut wurde. Und wie es sich für ein sorgsam gehegtes Vorstandsfahrzeug geziemt, ist es ausgestattet mit allen erdenklichen Extras – inklusive der per Unterdruck gesteuerten Klappe im Powerdome nahe dem Windlauf, die sich bei starker Beschleunigung öffnet, um dem gierigen Motor noch mehr Frischluft zuzuführen. Als erster jemals gebauter LS6 Chevelle stellt dieses Auto damit den Kaiser aller Könige der Muscle Cars dar.

Firestone
SS
454

SS

06

1970 Oldsmobile 442 W-30 Convertible

Rang zwei: Die größte Leistung der W-30-Version des 1970er Oldsmobile 442 besteht sicherlich darin, mit ihren 455 Kubikzoll ein höheres Drehmoment als alle anderen V8-Saugmotoren aus Serienproduktion zu liefern, die je in einem amerikanischen Pkw verbaut wurden. Mit einer Ausnahme: Mit satten 678 Newtonmetern unterliegt sie dem Drehmoment-Champion aller Zeiten, dem Buick GSX Stage 1, um exakte 13,5 Newtonmeter.

Technische Daten

Stückzahl:	96
Motorisierung (V8):	455 CUI, W-30
Leistung (SAE):	370 PS
Drehmoment:	678 Nm
Getriebe:	Viergang-Schaltgetriebe

Befindet man sich in der sehr glücklichen Lage, beide Kontrahenten gefahren zu haben, fällt es dem Gasfuß schwer, die unterschiedliche Rangfolge zwischen GSX Stage 1 und Olds W-30 tatsächlich zu erleben. Denn beide Maschinen produzieren einen Höllenschub, welcher im Falle des Oldsmobile auf dessen langhubige Motorkonstruktion zurückzuführen ist. Während des Zweiten Weltkriegs hatten Ingenieure herausgefunden, dass ein höherer Leistungsgrad erzielt wird, wenn das Maß der Zylinderbohrung im Motorblock größer ausfällt als die Wegstrecke der Kolben (»oversquared engine«). Dieser Erkenntnis folgten im Prinzip alle seitdem gebauten US-Motoren, wobei ausgerechnet der bärenstarke Olds W-30 mit seinem Verhältnis von 104.8 zu 108.0 mm (Bohrung x Hub) die Ausnahme darstellt. Aufgrund seiner dadurch begrenzten Drehfreudigkeit entwickelt der W-30 zwar maximal nur 370 PS, jedoch bewirken die längeren Pleuel das entscheidende Maß an Hebelkraft, um das Drehmo-

ment nachhaltig zu erhöhen. Anders ausgedrückt: Macht der Fahrer lebhaften Gebrauch vom Gaspedal, lässt ein Olds 442 W-30 amtlich die Reifen wimmern. Für alle also, die Gumminebel schätzen und Burnouts höchst unterhaltsam finden, ist er garantiert das richtige Spielzeug.

Nur wenige Besitzer dieses Oldsmobile 442 W-30 Cabriolets kamen in den oben beschriebenen Genuss, bevor der Wagen Bestandteil der Autosammlung wurde. Erstbesitzer Robert Emery »Rug« Kazley bestellte ihn am 11. Oktober 1969 bei Hansel Oldsmobile in Fullerton, Kalifornien, um anschließend sechs lange Monate darauf zu warten. Am 4. März 1970 konnte er seinen Traumwagen endlich in Empfang nehmen. Und natürlich hatte er ihn seinem Status angemessen ausgestattet: Zusätzlich zum W-30 W-Machine Package (321,23 Dollar) bestellte Kazley ein kurz übersetztes M21-Muncie-Vierganggetriebe (184,80 Dollar), eine G88-Performance-Achse mit 3,91er Übersetzung und G80-Sperrdifferenzial (42,13 Dollar), spendierte dem Wagen zusätzlich einen W-27-Hinterachsträger aus Aluminium mit Aluminiumdeckel (dieses Exemplar ist das einzige bekannte mit dieser Option für 157,98 Dollar), N47-Servolenkung mit variabler Übersetzung (105,32 Dollar), ein Stereoradio mit Acht-Spur-Cassettenspieler (133,67 Dollar) und genügend andere Komfort- und Technikextras, um den ursprünglichen Preis von 3567 auf schließlich 5115,33 Dollar ansteigen zu lassen. Womit Kazley für ein Oldsmobile mehr »blechte«, als er es für eine ausgewachsene Corvette hätte tun müssen.

Kazley orderte das Olds mit schlichten »Buchhalter-Radkappen«, verzichtete auf die Mittelkonsole und hatte ursprünglich auch sämtliches Foliendekor abbestellt. Als das Olds Cabriolet in Galleon Gold mit weißem Dach jedoch eintraf, trug es die stolzen »442«-Streifen an seinen Flanken, die heute in Kombination mit dem weißen Dach und weißem Interieur extrem selten sind.

Kazley hatte den Wagen über einen Kredit bei der Riverside School Credit Union finanziert, bei der er eine Anzahlung von exakt 912,70 Dollar leistete und 30 monatliche Raten à 175,79 Dollar zu begleichen hatte. Bei einem Zinssatz von zwölf Prozent hätten die von ihm zu leistenden Zinsen haargenau der Höhe seiner ursprünglichen Anzahlung entsprochen.

Aber, aus welchen Gründen auch immer, Kazley stoppte 1971 die Zahlung seiner Raten, wonach das Olds 442 W-30 schnurstracks die Garagen wechselte. Die nächsten Besitzer, George und Betty Steele, erwarben es und fuhren es bis 1978, bevor sie es für gerade einmal 600 Dollar an Bettys Chef verkauften. Der dritte Besitzer verbrachte die nächsten 30 Jahre damit, New-Old-Stock-Ersatzteile zu ergattern, sodass er das Olds 442 W-30 Cabriolet im Jahre 2008 komplett restauriert hatte. Derart auferstanden, räumte das Fahrzeug 2011 den jeweils ersten Platz als bestes Auto seiner Klasse bei den Oldsmobile Nationals und den Muscle Car Nationals ab. Dieses Auto ist eines von nur 96 Oldsmobile 442 Cabriolets des Jahrgangs 1970 mit W-30-Package und Viergang-Schaltgetriebe.

442
HANSEL

442
W-30

442
FULLERTON
OLDS - GMC
HANSEL
FULLERTON CA
OLDS HANSEL GMC
WIDE OVAL

WIDE OVAL
FIRESTONE

07

1969 Pontiac GTO Judge Convertible

Am Donnerstag, dem 19. Dezember 1969, veröffentlichte Pontiac eine Pressemeldung. Diese kündigte ein neues Muscle Car an, welches »einen Leistungsschritt weiter geht«.

Technische Daten

Motorisierung (V8):	400 CUI
Leistung (SAE):	366 PS
Drehmoment:	603 Nm
Getriebe:	Viergang-Schaltgetriebe

Und der beeindruckende Text geht noch weiter: »Dieses neue Super-Automobil mit dem Namen ›The Judge‹ ist besonders gestaltet und bietet eine bisher einzigartige Kombination von gesteigerter Leistung, exzellentem Fahrverhalten und einem besonderen, unverwechselbaren Auftritt.«

Nun, in der Tat bot der neue Judge hervorragendes Fahrverhalten und stellte auch eine neue Stufe der Unverwechselbarkeit dar. Was allerdings die Leistung anging, reichte der 400-Kubikzoll-Ram-Air-V8 mit 366 PS nicht, um die 426-CUI-Hemis oder 440er RB-Block-Triebwerke der rivalisierenden Dodge und Plymouth auf der Viertelmeile alt aussehen zu

lassen. Tja, nur war halt die Viertelmeile das einzige Maß, das bei den meisten Leistungsfetischisten namens »Kunden« zählte ...

Ursprünglich konzipiert wurde der Judge (Scharfrichter) als Antwort auf Plymouths populären Road Runner, der im Jahr zuvor vorgestellt worden war. Der unglaubliche Erfolg des Road Runner, von dem 1968 rund 50000 Exemplare verkauft wurden, hatte die Konkurrenz von Plymouth komplett überrascht – er biss sich ein ordentliches Stück aus dem Muscle-Car-Kuchen ab. Es war so groß, dass John Z. DeLorean, der Erfinder des Muscle Cars, umgehend eine Arbeitsgruppe bildete, um den an den Road Runner verlorenen Boden wiederzugewinnen.

Der Road Runner selbst wurde als Muscle Car für Kostenbewusste vermarktet, mit 383er Motor, schlichten Radkappen und durchgehender Sitzbank in der Grundausstattung.

DeLoreans Komitee stellte sich den neuen Pontiac, der auf den Namen »E/T« hören sollte, analog zum Road Runner als eine Art Low-Budget-GTO vor. Mit einer 350er Maschine, die zu weit mehr fähig wäre, als einem 383er Road Runner das Wasser abzugraben. In seinem Buch *Glory Days* erinnert Werbemann Jim Wangers, damals Mitglied in DeLoreans Komitee, dessen Reaktion auf die Vorschläge der Arbeitsgruppe: »Nur über meine Leiche.

GM
MARK OF EXCELLENCE
Pontiac Motor Division
Pontiac Motor Division
Born great.
Did you expect less? Shame! This is The Judge. And The Judge claims Pontiac's great GTO as its closest of kin.
Which explains The Judge's bump-proof Endura snoot. And the bulging hood scoops which can be opened or closed from the driver's seat. And the very unspongy springs and shocks. And the Morrokide-covered front buckets. And the no-nonsense instrument panel.
Now, if you want to think of The Judge as Billy's kid brother, OK. Just keep in mind that the family resemblance only goes so far.
You see, The Judge comes on with a 60" air foil. A custom grille. Big, black fiber glass belted tires. Special mag-type wheels. Blue-red-yellow striping. And name tags (like the wild one below) inside and out.
Keep in mind also that this baby performs like nobody's kid brother. Not with a standard 366-hp, 400-cube V-8 and Ram Air. Or a 370-horse Ram Air IV, if you so order. Either couples to a fully synchronized 3-speed with a Hurst shifter. Or order a close-ratio 4-speed. (Little old ladies might even order Turbo Hydra-matic.)
No sir. The kid brother hasn't been born yet that's greater, or tougher than The Judge.
THE JUDGE
A SPECIAL GTO BY PONTIAC
Four color pictures, specs, book jackets and decals are yours for 30¢ (50¢ outside U.S.A.). Write to: '69 Wide-Tracks, P.O. Box 888E, 196 Wide-Track Blvd., Pontiac, Michigan 48056.

GTO
THE JUDGE

Wisst ihr Jungs nicht, dass dies eine 400-Kubikzoll-Welt ist? Solange ich irgendetwas zu sagen habe in dieser Sache, wird es niemals einen GTO mit weniger als 400 Kubikzoll Hubraum geben!«

Zum Zeitpunkt der Markteinführung des nunmehr nach einem Stück des Comedians Pigmeat Markham »The Judge« benannten neuen Autos war bereits klar geworden, dass der Erfolg des Road Runner nicht auf dessen bloße Kosten-Anführerschaft zurückzuführen war. Denn die meisten Road-Runner-Käufer bestellten ihre neuen Autos bis unters Dach gefüllt mit Extras und hatten so der Vorstellung den Wind aus den Segeln genommen, der günstige Preis sei der wahre Grund des Erfolgs. Demzufolge erschien der »Judge« bestens ausgestattet, serienmäßig mit »Morrokide-Einzelsitzen, zum Fahrer hin orientierten Anzeigen, flach geschüsseltem, Vinyl-geschäumtem Lenkrad und hochwertigstem Belüftungssystem«, wie die eingangs zitierte Pressemeldung weiter verlautbarte.

Zusätzlich zum 337,02 Dollar teuren Judge-Paket wurde das hier abgebildete Exemplar – das letztgebaute des Jahres 1969 – mit einem Radio mit Stationstasten (61,09 Dollar), G70x14-Zoll-Fiberglas-Reifen (30,54 Dollar) und Viergang-Schaltgetriebe (184,80 Dollar) ausgerüstet.

08

1969 Pontiac Trans Am Convertible

Technische Daten

Stückzahl:	8
Motorisierung (V8):	400 CUI Ram Air III
Leistung (SAE):	335 PS
Drehmoment:	576 Nm

Ein 1969er Pontiac Trans Am Cabriolet ist eine seltene Erscheinung. Es gibt ihn nur 697-mal, weil Pontiac auf eine große Werbekampagne verzichtete, sodass nur wenige Kunden von seiner Existenz Wind bekamen. Während eine Rennversion mit 303-CUI-Maschine in den »Sports Car Club of America (SCCA) Trans Am Racing Series« antrat, war die Straßenausführung nicht gerade zum Kräftemessen geboren – ganz im Gegensatz zu Chevrolet, die eine solche Strategie mit dem Camaro Z/28 erfolgreich vormachten. So schloss sein 400-CUI-Motor das Trans Am Cabriolet ausgerechnet von der Rennserie aus, nach der es benannt worden war. Trotzdem war Pontiac gezwungen, dem SCCA pro verkauftem Trans Am Cabrio fünf Dollar Lizenzgebühren zu zahlen.

Im Gegensatz zum kaum gezähmten Rennwagen Chevrolet Camaro Z/28 machte das Trans-Am-Paket aus einem Pontiac Firebird eher einen ausgewogenen Gran Tourismo. Der Trans Am, offiziell als Ausstattungspaket WS4 bezeichnet, debütierte mitten im Modelljahr 1969. Sein Preis lag 725 Dollar über dem des Basis-Firebird (Coupé und Cabriolet) und beinhaltete eine 3,55:1-Safe-T-Track-Hinterachse, ein verstärktes Fahrwerk mit Stabilisatoren an Vorder- und Hinterachse, servounterstützte Scheibenbremsen an den Vorderrädern, Servolenkung mit variabler Übersetzung inklusive Dreispeichenlenkrad mit Holzmaserung, eine spezielle Motorhaube mit funktionsfähigen Hutzen, funktionsfähige Lufteinlässe in den vorderen Kotflügeln sowie einen unübersehbaren Heckspoiler.

Wie es sich für einen wohlausgestatteten GT gehört, wurde der Trans Am auch als Cabriolet angeboten. Da aber so gut wie niemand von diesem Auto wusste, verkaufte es sich erwartungsgemäß alles andere als gut: Lediglich acht Trans Am Cabriolets baute Pontiac im Modelljahr 1969, dieses ist eines von ihnen. Gefertigt in Cameo White mit T/A-Streifen und

Emblemen in Tyral Blue – dem einzigen offiziellen Trans-Am-Dekor des Jahrgangs 1969 –, zeigt es sowohl eine blaue Innenausstattung als auch ein blaues Verdeck.

Bei nur acht gebauten Exemplaren, die sämtlich noch existieren (auch wenn einige Umstände und Details, das achte Exemplar betreffend, etwas mysteriös erscheinen), fällt ein direkter Vergleich unter den Brüdern leicht: Von den acht Trans Am Cabrios besaßen vier Automatikgetriebe, vier waren mit manuellem Viergang-Schaltgetriebe ausgerüstet. Unser gezeigtes Exemplar ist eines mit Automatik und eines von dreien mit blauem Verdeck und blauem De-luxe-Interieur. Die Türverkleidungen besitzen ausgeformte Armlehnen, im Gegensatz zur Normalausführung in Blau, bei der geschraubte Armlehnen Standard waren. Diese Standardausführung zeigen drei der insgesamt acht Trans Am Cabriolets, eines besitzt pergamentfarbenes Interieur, die Ausführung des achten Exemplars ist nicht bekannt.

TRANS AM

Vor 16 Jahren restauriert, weist unser Foto-Trans-Am eine lange Liste verbauter Sonderausstattungen auf, wie zum Beispiel Rallye-Räder, Rallye-Instrumente, Mittelkonsole und Dekorset.

Ein 400 CUI Ram Air III V8 bewegt dieses äußerst seltene Auto – die gleiche Maschine, die auch in der »Judge«-Version des 1968er- und 1969er-Jahrgangs des GTO verbaut wurde. Die Ram-Air-III-Komponente entsprach prinzipiell der originalen 400 H.O. aus dem Modelljahr 1967/1968, inklusive der gusseisernen Zylinderköpfe, jedoch mit einer zusätzlichen

PONTIAC
TEXAS 69

Frischluftzuführung (dem »Ram« aus »Ram Air«). Die Nennleistung lag bei lediglich 335 Ponys, wobei GM ab 1969 bei den Leistungsangaben regelmäßig schummelte, um die Versicherungsbeiträge ihrer Muscle Cars auch für junge Käufer erschwinglich zu halten.

Aber sich roh entfaltende Leistung entsprach sowieso nicht dem Charakter des Trans Am. Das Auto erwarb sich einen Ruf durch sein Styling und seine Fahreigenschaften. Ein tiefergelegtes Fahrwerk, größere Querlenker und breitere Reifen im Vergleich zum Sonntagsfahrer-Firebird adelten den Trans Am zum kultiviertesten GT mit dem besten Handling amerikanischer Produktion. Ein Titel, der eine ganze Generation lang Gültigkeit besitzen sollte.

09

1970-½ Pontiac Trans Am Ram Air IV

Dass Pontiacs erster Firebird nichts anderes als das Produkt eines handfesten internen Krachs, vor allem aber eine reine Verlegenheitslösung war, mag Muscle-Car-Fans etwas schockieren. Aber es ist wahr: Bei dem vorangegangen war John DeLoreans Kampf für die Entwicklung eines Sportwagens europäischer Prägung. Ein offensichtlich zu forscher Kampf, in dessen Verlauf er ebenso offensichtlich wohl zu viele wichtige GM-Persönlichkeiten vor den Kopf gestoßen hatte. Nur so ist zu erklären, dass DeLorean 1966 in letzter Minute den Auftrag erhielt, statt des von ihm erhofften Sportwagens ein Pontiac-Derivat des anstehenden Chevrolet Camaro auf die Räder zu stellen. Mit weniger als wenig Zeit, um ein möglichst unterschiedliches Auto zu realisieren, rührte Pontiac irgendetwas zusammen, was als Firebird bekannt werden sollte – dabei bemüht, wenigstens einige der Fahrwerksschwächen des Camaro abzumildern. Unter diesen Umständen hatte der erste Firebird unmöglich zu dem Auto werden können, das

Technische Daten

Stückzahl:	59
Motorisierung (V8):	400 CUI Ram Air IV
Leistung (SAE):	370 PS bei 5500 U/min
Drehmoment:	603 Nm bei 3900 U/min

DeLorean sich für Pontiac gewünscht hatte. 1969 kam man seinem Ideal wenigstens ein kleines Stückchen näher – mit Einführung des Trans Am.

Pontiac war entschlossen, diese Situation spätestens mit der zweiten Firebird-Generation zu korrigieren, welche mitten im Modelljahr 1970 vorgestellt wurde. Erneut stellte der Trans Am die Topversion des Firebird dar. Mit um die Kotflügel bis zu den oberen Radläufen herum gezogenem Frontspoiler, einem serienmäßigen Spoiler auf dem Kofferraumdeckel sowie kleinen Seitenspoilern unmittelbar vor den Hinterrädern versprühte die zweite Generation des Firebird deutlich mehr Glanz als ihr Vorgänger. Die aerodynamischen Maßnahmen erbrachten in Summe 50 Pfund Anpresskraft an Front und Heck und verbesserten

merklich Bodenhaftung und Fahrverhalten. Eine rückwärts gewandte Shaker Hood Scoop war zunächst als funktionierendes Bauteil angedacht, doch Lärmschutzgesetze zwangen Pontiac dazu, die Hutze zu einem dekorativen Element zu degradieren. Schade eigentlich. Standardmotor für den Trans Am war der 400 CUI Ram Air II V8, angegeben mit 345 PS bei 5000 U/min und 583 Newtonmetern bei 3400 U/min, das hier gezeigte Exemplar jedoch verfügt über die seltene Ram-Air-IV-Option.

Dieses Auto ist einer von nur 59 gebauten Trans Am Ram Air IV des Jahrgangs 1970-$^{1}/_{2}$ mit Viergang-Schaltgetriebe. In Umkehrung der Verhältnisse verkaufte Pontiac nur 29 dieser Ram-Air-IV-Birds mit Automatikgetriebe. Ein klarer Hinweis darauf, dass die wenigen Kunden, die ihr Kreuzchen an der Ram-Air-IV-Option machten, verstanden hatten. Denn am besten ließ sich die vom hoch drehenden Motor erzeugte Leistung nun mal in Kombination mit einem Schaltgetriebe ausnutzen. Mit Unterstützung von Pontiacs berühmtem Round-Port-Zylinderkopf erzeugte die 389,68 Dollar teure Ram-Air-IV-Option 370 PS, 25 mehr als die Standard-D-Port-Ram-Air-II-Maschine. Zusätzlich zu den runden Einlässen waren eine schärfere Nockenwelle, höhere Einspritzdrücke, Aluminium-Ansaugbrücke, eine Arma-Stahl-Schmiedekurbelwelle, geschmiedete Aluminiumkolben und weiteres Tuning für den Leistungsanstieg verantwortlich. Der Motor wurde mit engeren

RAM AIR IV

Toleranzen zusammengebaut als jede andere Hochleistungsmaschine, die Pontiac zu dieser Zeit herstellte. Wodurch das Ram Air IV zu einer Art Vorzeige-Triebwerk wurde.

Dieses spezielle Exemplar, das eine Gesamtfahrleistung von lediglich 40000 Meilen aufweist, ist bestens ausgestattet mit optionaler Colorverglasung, Muncie-M20-Viergang-Schaltgetriebe, Twelve-Bolt-Positraction-Sperrdifferenzial mit 3,73er Übersetzung, Hochleistungs-Scheibenbremsen, F-41-Stoßdämpfern, einem Satz original datierter Rallye-II-Räder, RPO-211-Medium-Bright-Blue-Vinyl-De-luxe-Interieur sowie dem Custom-Interior-Trim-Paket, welches unter anderem eine Kofferraum-Matte, Regenrinnen und vordere Sportsitze beinhaltete.

Firestone
TRANS AM

RAM AIR IV
Firestone
WIDE OVAL

RANS AM
Firestone
WIDE OVAL

Teil 2
Mopar / AMC

Mit der Entwicklung des GTO erfand Pontiac das Genre der Muscle Cars, zugeschnitten auf junge, leistungshungrige Käufer. Was jedoch die traditionellen Eckdaten eines Muscle Cars angeht – ein Mittelklasse-Auto mit großem, starkem Motor –, hatten Chrysler, Dodge und Plymouth solche Biester bereits seit Jahren gebaut. Nur dass sie ihre Autos bisher nicht in der Art vermarktet hatten, wie Pontiac es mit dem GTO erst hatte vormachen müssen.

Mochte Chrysler seine hochgezüchteten Mittelklasse-Dodges und -Plymouths nicht gezielt an Hot Rodder oder Drag Racer vermarktet haben, war dies dennoch exakt die Klientel, die diese Autos kaufte. Zu Beginn der 1960er-Jahre beherrschten Chryslers Wedge-V8-Motoren die Drag-Racing-Szene, und der Hersteller lieferte seiner hungrigen Kundschaft spielend jedes erdenkliche, zusätzliche Power bringende Zubehörteil – über die hauseigene Mopar-Organisation. Hierzu zählten beispielsweise 30 Zoll große Ansaugkanäle, die sich über dem Motorblock kreuzten. Bei diesem außergewöhnlichen System wurde die linke Zylinderbank von einem über der rechten Zylinderbank angebrachten Vierfach-Vergaser versorgt, der über der linken Zylinderbank »hängende« Vierfach-Vergaser fütterte wiederum die rechte Zylinderbank. »Ram-Induction« nannte Chrysler das, und jeder, der das System einmal leibhaftig erlebt hatte, würde es nur schwerlich wieder vergessen können ...

Anfang 1962 gipfelte die Leistungskur im ersten Maximum-Performance-Wedge-Motor (»Max Wedge«), erst mit 413 CUI angeboten, später auf 426 CUI vergrößert. So mag der GTO, wie bereits erwähnt, zwar das erste offiziell als Muscle Car vermarktete Fahrzeug gewesen sein, aber abgesehen davon hatte Chrysler all die leckeren Komponenten, die ein solches Auto ausmachten, längst in den Mopar-Regalen parat.

Die American Motors Corporation (AMC), später ein Teil von Chrysler, sprang als eine der Letzten auf den rollenden Muscle-Car-Zug auf. Verständlich angesichts der Tatsache, dass AMC vorwiegend sein Geld damit verdiente, sparsame Vernunftautos der Marke Rambler an die schrulligen Tanten und Onkel der Baby-Boomer-Generation zu verkaufen. Doch als sich die 1960er-Jahre dem Ende zuneigten, war klar geworden, dass die Zielgruppe der jungen Käufer selbst für einen eigenwilligen Hersteller wie AMC viel zu lukrativ war, um noch länger ignoriert werden zu können.

10

1970 AMC Javelin Trans Am

Technische Daten

Stückzahl:	100
Motorisierung (V8):	390 CUI
Leistung (SAE):	340 PS
Drehmoment:	583 Nm bei 3900 U/min

Als Nachzügler auf dem Muscle-Car-Markt brauchte es für AMC etwas Drastisches, um die Aufmerksamkeit der Baby-Boomer auf sich zu ziehen. 1970 nahmen derartige Überlegungen ein konkretes Bild an: Mit dem überarbeiteten Javelin präsentierte AMC ein Pony Car, dessen neue Frontansicht sowie längere Motorhaube damaligen Designvorstellungen ziemlich genau entsprachen.

Nur dass eine längere Haube allein noch kein Muscle Car macht. Es bedarf auch Muskeln in Gestalt eines kraftstrotzenden Motors, und genau diesen besaß der Javelin. Wollte der Käufer Dampf unter der verlängerten Haube, bestellte er das sogenannte Go-Package, bestehend aus einem 390er V8 mit Vierfach-Vergaser, vorderen Scheibenbremsen, zweiflutiger Abgasanlage, verstärktem Fahrwerk mit Querstabilisator, verbesserter Kühlung und breiten Goodyear-Hochleistungsreifen mit weißer Beschriftung sowie speziell gestylten Sportfelgen.

Die ultimative Fahrmaschine war jedoch die Trans-Am-Ausführung des Mark Donohue Javelin SST, einer Straßenversion, die dem Trans-Am-Racer des Rennfahrers Donohue huldigte. Wie alle anderen Hersteller war auch AMC bei den SCCA-Rennen für seriennahe Fahrzeuge angetreten, wo es zu einer folgenschweren Begegnung kam: Nachdem sie 1968 und 1969 jeweils die Markenmeisterschaft für Chevrolet gewonnen hatten, wechselten die Fahrer Roger Penske und Mark Donohue auf den AMC Javelin Trans Am.

271-XJP

Vor dem Renneinsatz hatte AMC jedoch den Javelin Trans Am für die Rennserie homologieren müssen, was anhand der vom Reglement vorgeschriebenen 100 Exemplare einer »gezähmten« Straßenversion auch geschah. Jeder dieser 100 speziell konfigurierten Javelin besaß das beschriebene Go-Package und die auffällige rot-weiß-blaue Sonderlackierung von Donohues Renn-Javelin, ein kurz übersetztes Hurst-Viergang-Schaltgetriebe, Ram-Air-Hutze, Front- und Heckspoiler, eine 3,91:1 übersetzte Hinterachse mit Sperrdifferenzial, Rim-blow-Holzlenkrad, Servolenkung, verbesserte Motorkühlung, Drehzahlmesser bis 8000 U/min sowie einen Tacho bis 140 mph. AMC gab für diese »Replicas« Leistungswerte von 340 PS und 583 Newtonmetern an.

Firestone
Firestone

AMC

Von 100 gebauten Mark Donohue Javelin SST Trans Am sind 32 Überlebende bekannt. Das hier gezeigte Auto hat eine Gesamtfahrleistung von weniger als 24000 Meilen. Vom Erstbesitzer 1970 erworben, gelangte es bereits 1974 in den Besitz eines bekannten AMC-Sammlers, der den Javelin bis 2005 behielt. Bis auf den Holley-Vierfach-Vergaser sind sämtliche Komponenten dieses Mark Donohue Javelin SST Trans Am original oder New Old Stock. Bereits ab Werk war dieser Wagen bestens mit allen erhältlichen Anzeigen und Instrumenten (inklusive Zeituhr) ausgestattet, das AM/FM-Radio wurde beim Händler nachgerüstet.

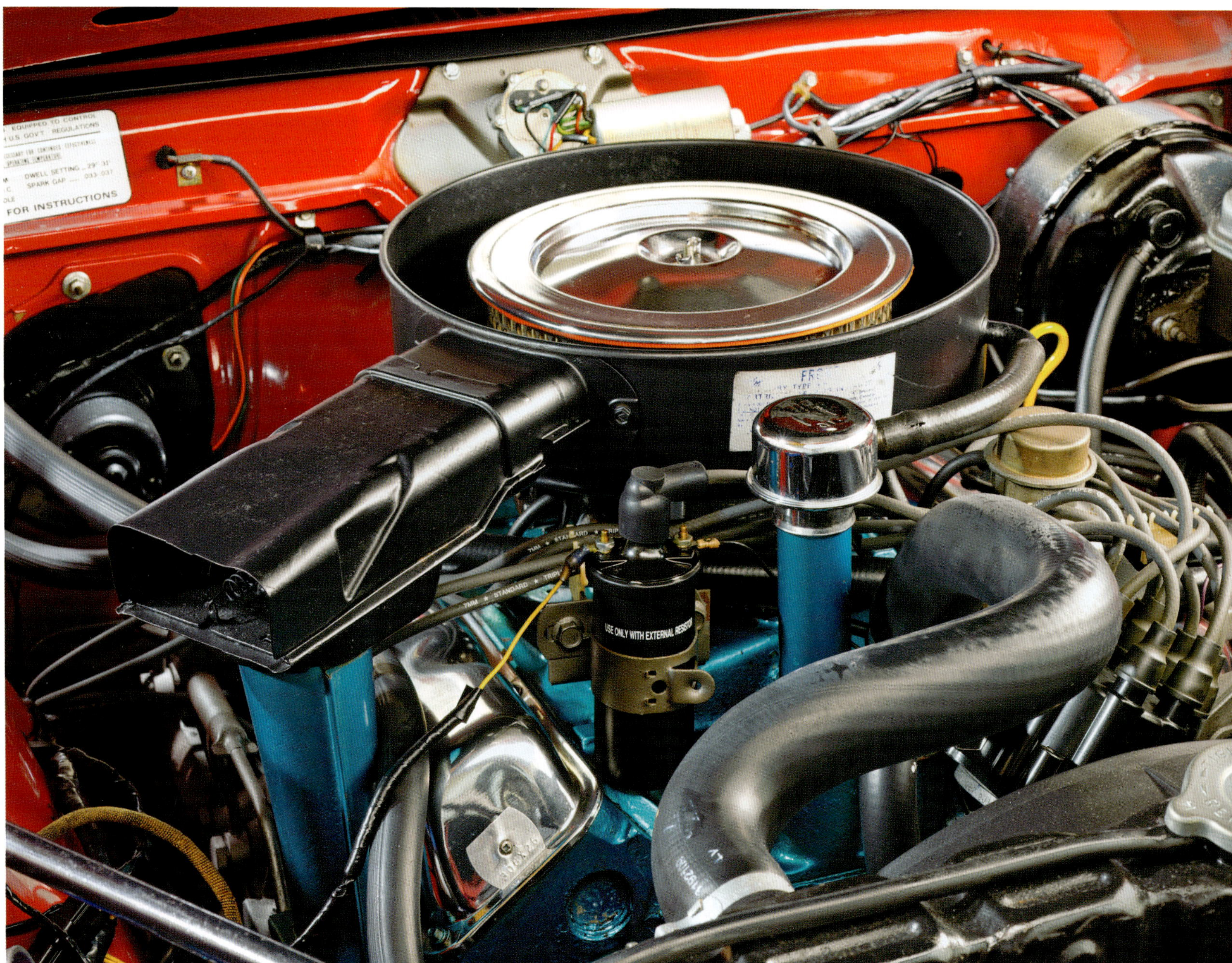

Javelin

11

1969 Dodge Charger Daytona

Technische Daten

Stückzahl:	503 gesamt, 433 mit 440-CUI-V8
Motorisierung (V8):	440 CUI
Leistung (SAE):	375 PS bei 5500 U/min
Drehmoment:	651 Nm

Ende der 1960er-Jahre entwickelte Chrysler ernsthafte Ambitionen, Ford den begehrten Titel der NASCAR Grand National Championship abzujagen. Hatte auch Chrysler bei der Konstruktion seiner Hemi-Rennmotoren das seinerzeit technisch Machbare bis zum Letzten herausgeholt, musste – ebenso wie bei Ford – jede weitere Leistungssteigerung letztlich über aerodynamischen Feinschliff geschehen. Also schoben die Chrysler-Designer im Jahre 1968 ein aerodynamisch prinzipiell schlechtes Serienfahrzeug namens Dodge Charger in den Windkanal und machten aus ihm einen ähnlich windschlüpfigen Kandidaten wie das Zwillingspärchen Ford Torino und Mercury Cyclone des erbitterten Konkurrenten Ford. Sichtbarste Änderungen an diesem Charger 500 waren ein flächenbündiger Frontgrill sowie ein auffällig flächiger Abschwung der Heckscheibe. Sah die ursprünglich eingezogene Heckscheibe des Serien-Chargers war zwar wesentlich schicker aus, bedingte sie jedoch massive Luftverwirbelungen über dem Wagen, die zu empfindlich verringerten Höchstgeschwindigkeiten auf dem NASCAR-Kurs geführt hatten.

Mit dem solcherart verbesserten Charger 500 trat Chrysler zum 500-Meilen-Rennen von Daytona 1969 an. Jedoch nur, um dort auf Kontrahent Ford zu treffen, der seinen erfolgreichen Rennversionen von Torino und Cyclone ebenfalls ein strömungsgünstigeres »Machwerk« spendiert hatte. Und dies im gleichen Geiste wie beim Dodge Charger. Am Ende gewann das Rennen Ford – mit seinem Torino Talladega. Woraufhin Chrysler Ford den totalen Krieg erklärte. Und sämtlichen anderen Herstellern, die die Unverfrorenheit besaßen, die Überlegenheit der Mopars auf dem NASCAR-Kurs herauszufordern, gleich mit. In der Folge kehrten die Chrysler-Techniker in den Windkanal zurück und kamen mit dem wohl wahnwitzigsten aller Muscle Cars wieder heraus: dem Dodge Charger Daytona. Er trug eine wie anoperiert aussehende 18-Zoll-Frontmaske, eine »Prothese«, die Luftwirbel verminderte und gleichzeitig für erhöhten Anpressdruck bei hohen Geschwindigkeiten sorgte. Zum Ausgleich dieser Kräfte trug der Charger Daytona einen unübersehbaren Heckspoiler,

der auf 23 Zoll (58,4 Zentimeter) hohen Trägern ruhte. Für den aerodynamischen Effekt hätte theoretisch auch eine Höhe von zwölf Zoll genügt, aber Chrysler verdoppelte die Höhe, weil man bereits an eine Straßenversion dachte. Bei der das Vorhandensein eines dann doch vollständig zu öffnenden Kofferraumdeckels als nicht zu unpraktisch erachtet wurde ... Derart konfiguriert war die Rennversion gut für einen Topspeed von annähernd 250 mph – was rund 400 km/h entspricht!

Besaßen die Rennversionen allesamt Hemi-Motoren, wird das auf diesen Seiten gezeigte spezielle Exemplar von einem 440er Magnum angetrieben. 1966 hatte Chrysler einen neuen 440er Motor mit 350 PS für seine Full-Size-Spitzenmodelle Imperial und New Yorker vorgestellt, und weil dieser sein Plus an Hubraum teilweise aus einem verlängerten Hub gewann, sprach Chrysler bei dieser Serie von »RB«-Typen (für »raised block«). Für ihren Einsatz in den sportlichen Fahrzeugen auf B-Body-Basis erhielten die RBs eine Leistungs-

kur, bestehend aus speziellen Zylinderköpfen mit um zehn Prozent größeren Ventilen und verstärkten Ventilfedern, schärferer Nockenwelle sowie größerem Carter-AFB-Vierfach-Vergaser. Diese Eingriffe ließen die Leistung auf 375 PS ansteigen – die höchste eines Motors mit Hydrostößeln.

Damit war es aber nicht genug. Denn neben seiner PS-Höchstzahl bot dieser Motor vor allem reifenrauchendes Drehmoment im Überfluss. Der 440er Magnum oder 440 Super Commando, wie er im Plymouth genannt wurde, spuckte ein Drehmoment von 651 Newtonmetern aus. Besaß der Hemi auf dem Papier auch die höhere Leistung, so war seine Straßenversion in Wirklichkeit nicht das Ende der Fahnenstange. Schon in Serienausführung konnte ein 440er dem Hemi auf der Viertelmeile davonrennen. Legte ein begabter Tuner Hand an den Hemi, wendete sich das Blatt wieder, aber im Bereich der Serie war das Geld für einen 440er besser angelegt.

Unser hier gezeigter Charger Daytona hat 26000 Meilen auf dem Tacho. Das ist zugegebenermaßen eine Menge für ein Auto, das niemals im Straßenverkehr zugelassen war. Ein Umstand, den sich das gezeigte Exemplar mit vielen anderen der 500er Serie teilte, die zur Homologation der NASCAR-Renner nötig waren – sich aber nur schwer an den Privatmann bringen ließen. Was nicht heißt, dass dieser spezielle Daytona im Showroom verstaubte. Er spulte seine Meilen vielmehr mit einem Händlerkennzeichen ab, auf der Suche nach einem Käufer. Und, wer weiß, vielleicht erhielt ja der eine oder andere Kunde den Daytona sogar als Leihwagen, während sein Dodge Polara zur Inspektion weilte ...

Charger
DAYTONA

12

1970 Dodge Challenger Hemi

Obwohl Fords Mustang als das Auto gilt, welches den Wettstreit der Pony Cars offiziell eröffnete, stand der Plymouth Barracuda bereits zwei Wochen vor dem Mustang-Debüt in den Showrooms. Und so, wie der Mustang im Prinzip »nur« die sportliche Version des Brot-und-Butter-Autos Ford Falcon darstellte, war auch der Barracuda lediglich die sportliche Version des bürgerlichen Valiant. Erzielte der Mustang Rekordverkäufe, dümpelten die Barracuda-Absatzzahlen im direkten Vergleich ziemlich dahin. Was auch daran lag, dass der Barracuda vom Design her vielleicht ein wenig zu sehr an den betulichen Valiant erinnerte, was sein Image innerhalb der Zielgruppe der jungen Käufer ziemlich ramponierte. Was auch immer die Gründe gewesen sein mögen: Nie erreichte der Barracuda die traumhaften Verkaufszahlen des Mustang oder die der später eingeführten, erfolgreichen GM-Zwillinge Camaro und Firebird.

Technische Daten

Stückzahl:	**2**
Motorisierung (V8):	**426-CUI-Hemi**
Leistung (SAE):	**425 PS**
Drehmoment:	**664 Newtonmeter**

Chrysler brauchte fast ein komplettes Jahrzehnt, um wirkliche Herausforderer für die Mustangs, Camaros und Firebirds dieser Welt auf die Räder zu stellen. Als sie in Gestalt der 1970er Dodge Challenger und Plymouth Barracuda da waren, schrieben sie Geschichte. Obwohl sich die beiden viele Komponenten teilten, besaß der Dodge einen gegenüber dem Barracuda um zwei Zoll verlängerten Radstand und wies auch eine um 4,3 Zoll größere Gesamtlänge auf.

Technisch betrachtet betraten beide kein Neuland, verwischten jedoch die Grenze zwischen Pony und Muscle Car. Durch die Verwendung des Standard-Vorderwagens des bevorstehenden B-Body-Redesigns gerieten die neuen E-Plattformen einerseits länger als die ihrer Pony-Rivalen von Ford und GM, andererseits kürzer als die der eigenen Chrysler-

B-Body-Muscle-Cars. Das passte. Zudem erlaubte die Verwendung von B-Body-Teilen den Einbau jedes nur denkbaren Motors aus dem Konzernregal, inklusive des Hemi. Und über genau diesen verfügt der hier abgebildete Challenger.

Wenn auch als Basismodell mit wahlweise Reihensechszylinder- oder 318-CUI-V8-Motoren angeboten, interessierte Muscle-Car-Fans fast ausschließlich die Variante mit Topmotorisierung. Die hörte im Falle des 1970er Challenger auf die Bezeichnung »R/T« (»Road and Track«) und besaß als Basismotorisierung den 383er-B-Block-Motor mit Magnum-Zylinderköpfen. Wahlweise konnten sich Kunden entscheiden zwischen Ausführungen mit einem Vierfach-Vergaser oder mit drei Doppelvergasern. Und falls man, wie der Erstbesitzer unseres Foto-Challenger, das zumindest auf dem Papier schnellste Auto der Stadt haben wollte, bestellte man den optionalen 426er Hemi.

Darüber hinaus zeigt der hier abgebildete Challenger als Besonderheit die Fiberglas-Motorhaube und den Heckspoiler des Challenger T/A. Als einziges Modell besaß der T/A (gemeinsam mit seinem Plymouth-AAR-'Cuda-Zwilling) einen 340er V8, der von drei Hol-

426
HEMI
RAD END
3462113
381984

DEF
HIGH

ley-Doppelvergasern gekrönt wurde. Wenn auch in Sachen reine Leistungsausbeute nicht auf gleicher Augenhöhe mit den monströsen Big Blocks, war der offiziell mit bescheidenen 290 PS angegebene Motor in der Realität schneller als viele der von den Wettbewerbern angebotenen Big Blocks. »T/A« steht übrigens für Trans Am, eine Bezeichnung, die GM sich im Rahmen eines Lizenzvertrags mit der SCCA gesichert hatte. Die T/A-Fiberglas-Hauben galten gemeinhin als empfindlich und anfällig für Rissbildung.

Wie selten ist also so ein 426er Hemi-Challenger mit T/A-Haube? Angeblich entstanden ganze zwei Exemplare, von denen nur eines überlebt haben soll. Das Typenschild dieses 1970er Hemi-Challenger gibt an, dass das Auto ab Werk mit der Zusatzausstattung N94 – also der T/A-Haube – geliefert wurde. Allein wie genau dieses Exemplar entstand, ist eine

Geschichte für sich: Nachdem der zukünftige Challenger-Erstbesitzer 1969 seinen Militärdienst beendet hatte, nahm er einen Job als Autoverkäufer bei Vissings Dodge an. Der Eigentümer von Vissings gestattete ihm schließlich die Bestellung des Hemi-Challenger mit der ungewöhnlichen T/A-Konfiguration als Vorführfahrzeug – unter der Auflage, dass sein Angestellter den Wagen binnen eines Jahres selbst kaufe.

13

1970 Dodge Challenger Hemi Convertible

Technische Daten

Stückzahl:	12 (9 für den US-Markt, 3 für den kanadischen Markt)
Motorisierung (V8):	426-CUI-Hemi
Leistung (SAE):	425 PS
Drehmoment:	664 Nm

Zu keinem Zeitpunkt bevorzugte Chrysler einen bestimmten Typ Kunden. Jeder, der das nötige Kleingeld hatte, konnte eine von Tausenden der landesweiten Chrysler-Vertretungen betreten und jedes verfügbare Modell mit jeder nur erdenklichen Motorisierung bestellen. Und war das infrage kommende Fahrzeug eines der Dodge- oder Plymouth-Muscle-Cars, konnte dieses sogar mit der 426er Hemi-Maschine geliefert werden, einem ursprünglichen Renntriebwerk, das mit einigen kleinen Zugeständnissen straßenzulassungstauglich gemacht worden war. Im Fall des Hemi Challenger gab es das Ganze sogar als Cabriolet. Eine Option, von der im Jahre 1970 jedoch nur neun Kunden in den USA und ganze drei aus Kanada Gebrauch machten. Warum nur so wenige? Nun, die Antwort steht in *All American Muscle Cars*, verfasst von Jo Oldham, der in der heißen Phase der Muscle Cars für verschiedene Magazine testete. »Ich sag' es euch: weil es lausige Karren waren, die damals niemand haben wollte!«

Die Wahrheit ist auch, dass der 426er Hemi in Serienausführung kein großartiger Motor für den normalen Straßeneinsatz war. Der Hemi war vielmehr ein Rennmotor, der nie konsequent bis zum Ende auf Alltagstauglichkeit hin umkonfiguriert wurde. Seine Laufkultur war bescheiden, um es einmal geradeheraus zu formulieren. Eine Eigenschaft, die unter den Händen untalentierter Hinterhofschrauber nicht unbedingt besser wurde. Zwar war ein erfahrener Rennspezialist in der Lage, praktisch unbegrenzt Leistung aus der Maschine herauszukitzeln, doch selbst dann blieb es ein Rennmotor, der für den Einsatz auf öffentlichen Straßen nur bedingt tauglich war. Was gleichzeitig der Grund dafür ist, warum viele der erhaltenen Exemplare so auffallend geringe Kilometerleistungen aufweisen und Chrysler nur wenige Hemis verkaufen konnte. Den alltäglichen Straßeneinsatz meister-

426 HEMI

ten die sehr viel günstigeren 440-Six-BBL und sogar der 440er Magnum ironischerweise wesentlich besser.

Tatsächlich hegten nur wenige den Wunsch nach einem Rennmotor in einem Alltagsauto. Und noch weniger wünschten einen Rennmotor in einem Cabriolet. Ein Cabrio verliert viel von seiner Karosseriesteifigkeit aufgrund des fehlenden stabilisierenden Dachs; die zusätzlich erforderlichen Versteifungen, die nötig sind, damit sich das Ganze nicht brezelförmig verwindet, erhöhen massiv das Fahrzeuggewicht. Deswegen erblickt man auch

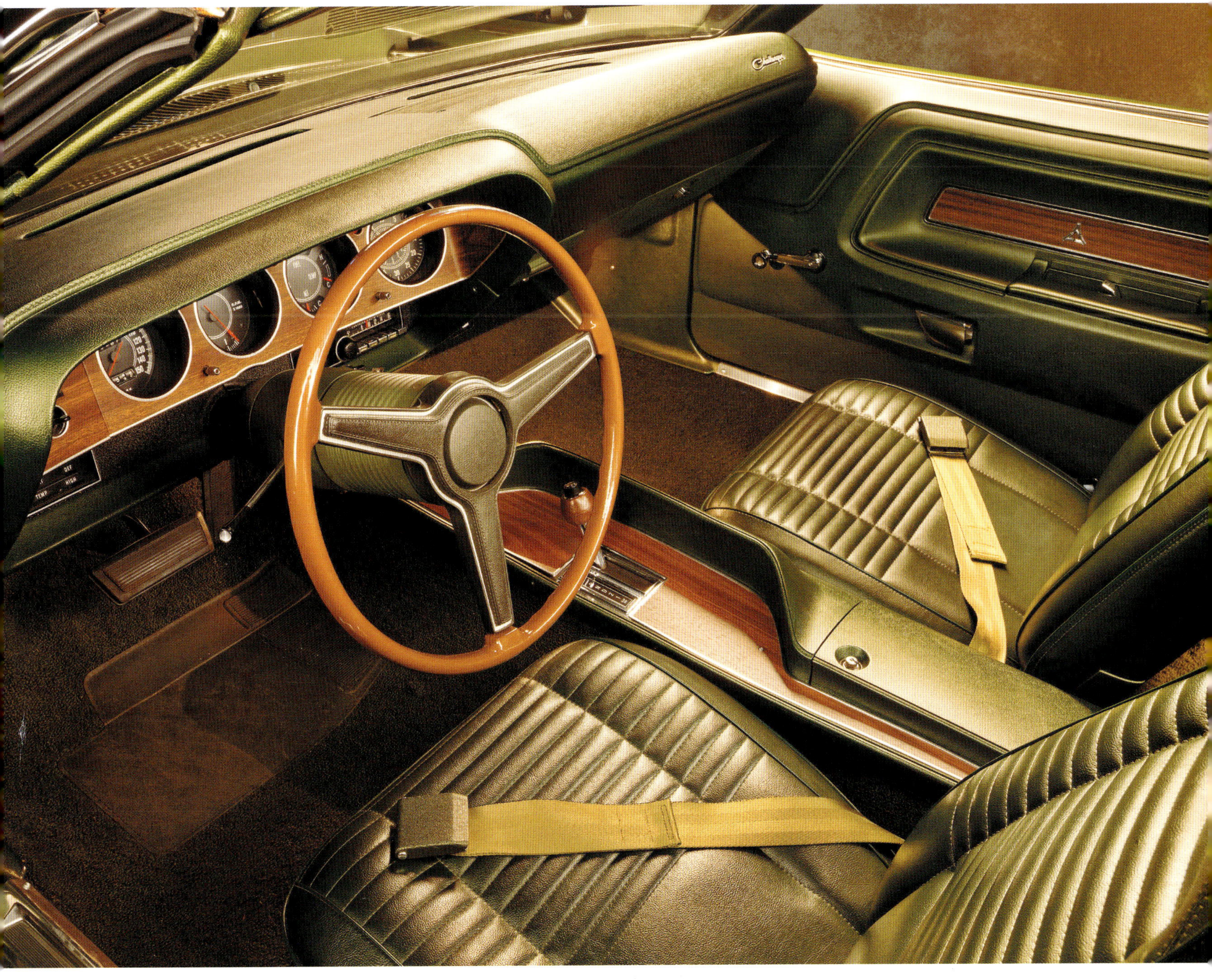

selten ein Cabrio auf dem Drag Strip. Und deshalb auch kreuzten nur ganze zwölf Kunden die Zusatzausstattung »Hemi« auf dem Bestellformular ihres Challenger Cabrios an …

Das hier gezeigte Exemplar ist das zweitgebaute Hemi Challenger Cabriolet – und das erste, das beim Händler stand. Longford Palmer, Anästhesist aus Poplar Bluffs, Missouri, kaufte es bei einem befreundeten Händler, mit dem er einmal pro Woche Dame spielte. Sein Freund überließ ihm das Hemi Cabriolet zum Selbstkostenpreis, im Gegenzug war das Auto werbewirksam auf der Straße – so zumindest das Kalkül des Händlers. Er sollte Recht behalten: Hatte er den Mediziner schon nicht großartig zu dem Deal überreden

Challenger R/T
DODGE

müssen, standen Palmer und sein Challenger schnell in dem Ruf, unbesiegbar zu sein. Woraufhin der Dodge-dealende, Dame-spielende Freund allein aufgrund der Mundpropaganda über Palmers denkwürdige Straßenrennen tatsächlich unzählige Challenger verkaufte.

Später verkaufte Palmer den Challenger an einen Ford-Händler, der den Hemi kurzerhand in sein Boot einbaute und eine kleinere Maschine in das Cabrio. Dergestalt verkaufte er den Dodge an einen Farmer in Rapid City, South Dakota. Jahre später tauchte der Original-Hemi bei einem Motorenhändler in Denver, Colorado, auf. Sein Besitzer hatte ihn dort zurückgelassen, weil er eine Rechnung nicht bezahlen konnte. Jim Lynch entdeckte den Motor, zahlte die offene Rechnung, machte Longford Palmer anhand von Chryslers Verkaufsdokumenten ausfindig und über ihn den Farmer aus South Dakota, dem er kurzerhand das Cabriolet abkaufte. Auto und Motor brachte Lynch 1993 zu Restaurator Roger Gibson – eine gut überlieferte und dokumentierte Geschichte ...

426 HEMI
Challenger
R/T
POLYGLAS GT
GOODYEAR

14

1963 Plymouth Sport Fury 426 Max Wedge

Technische Daten

Stückzahl:	13
Motorisierung (V8):	426 CUI Max Wedge (Version mit Verdichtung 11,1:1)
Vergaser:	zwei Carter-AFB-3447SA-Vierfach-Vergaser
Leistung (SAE):	415 PS
Drehmoment:	651 Nm

Wenn es stimmt, dass John Zachary DeLorean das Muscle Car 1965 erfand – warum zur Hölle, werden Sie sich jetzt fragen, taucht an dieser Stelle plötzlich ein 1963er Plymouth auf?

Ganz einfach deshalb, weil der Pontiac GTO in erster Linie eine reine Marketing-Kreation war, wie es sie bis dahin nicht gegeben hatte. Ganz im Gegensatz zur Erfolgsformel eines großen, kraftvollen Motors in einem leichten, erschwinglichen Automobil, die Realität war, seit Ford V8-Motoren in seine 1932er Modelle eingebaut hatte. Später verwendete Buick Reihenachtzylinder in seinen Modellen, und nach dem Zweiten Weltkrieg installierte Oldsmobile einen Overhead-Valve-V8 im legendären Rocket 88. Zu Beginn der 1960er-Jahre war das Rezept also wohlbekannt, und kein anderes Unternehmen wusste damit so gut

umzugehen, wie Chrysler es tat. Deren 426-Maximum-Wedge-Aggregat dominierte das NHRA Drag Racing.

Das Chrysler-Register kennt aktuell nur 13 Exemplare des 426er Max Wedge Sport Fury. Das hier abgebildete Fahrzeug mit seinem originalen Cross-Ram-Intake, gekrönt von zwei Carter-AFB-Vergasern, besitzt eine Verdichtung von 11,1:1, wofür Chrysler eine Leistung von 415 PS angibt. Die Variante mit einer Verdichtung von 13,5:1 brachte es sogar auf 425 PS.

Somit war der 426 Max Wedge ein Rennmotor, schlicht und einfach; die umfangreiche Liste an zusätzlichen Tuningkomponenten umfasste große Einlass- und Auslassventile, Kopfdichtungen aus rostfreiem Stahl, Zylinderköpfe mit größeren Kanälen, strömungsgünstigere Ansaugbrücken, gusseiserne Krümmer mit drei Zoll großen Muffen, die in zwei Zoll große Auspuffrohre mündeten. Darüber hinaus waren zwei Carter-Vierfach-Vergaser bestellbar, Hochleistungs-Benzinpumpen, geschmiedete Aluminiumkolben, verchromte Kolbenringe, magnetpulvergeprüfte Pleuel, Ölwanne mit Prallblechen, verstärkte Ventilfedern und fast unüberschaubar vieles mehr, was man so braucht fürs Drag Racing ...

N·1558
PLYMOUTH'S ON THE MOVE
YOU HAVE TO OWN ONE TO CATCH ONE
We put everything we had into this new Plymouth. Everything. First, it had to be new. We gave it clean, uncomplicated lines. Flat, smooth decks. The result is the best-looking Plymouth that ever bore the name. We made it big, brawny —made it master of the Plymouth-Ford-Chevrolet league. It now carries America's first 5-year warranty (see opposite page for details). To sum up: you have to own one to catch one. Plymouth 63 —quality-engineered by Chrysler Corporation.
PLYMOUTH 63

Das Max-Wedge-Package war für alle mittelgroßen 1963er B-Body-Dodge und -Plymouth bestellbar. Bei Dodge lautete die Bezeichnung auf »Ramcharger 426«, Plymouth taufte seine Version »Super Stock 426«. Ab Mitte des Modelljahrs 1963 bot Chrysler Karosserie-Anbauteile aus Aluminium an. Die letzten Zweifel an der eigentlichen Drage-Race-Bestimmung derart konfigurierter Autos räumte die nach hinten in den Kofferraum versetzte Batterie aus, die nochmals mehr Gewicht auf die Hinterachse brachte.

Der hier gezeigte 426er Max Wedge Sport Fury ist eines von drei schwarzen Exemplaren, die 1963 von Fenner Tubbs, Händler in Lubbock, Texas, während des Super Stock Drag Racings eingesetzt wurden. Ursprünglich mit Dreigang-Automatikgetriebe ausgeliefert, erhielt dieser Sport Fury bereits 1964 ein Viergang-Schaltgetriebe. Seine Ausstattung umfasst vordere Einzelsitze, Drehzahlmesser, Heizung, Entfall des Radios, rote De-luxe-Polster, getöntes Glas, abblendbaren Innenspiegel, Entfall des linken Außenspiegels und 7,50x14-Weißwand-Rayon-Reifen. Es kostete seinen Erstbesitzer 3858,65 Dollar. Obwohl im Rennen eingesetzt, erhielt dieser Sport Fury niemals einen Käfig oder zusätzliches Tuning. Seine Karosserie ist vollständig rostfrei und original erhalten, bis hin zum Typenschild.

MAX WEDGE

MoPAR
DO NOT WASH OR OIL
CHRYSLER CORPORATION PARTS DIVISION
SUPER STOCK
426

MOPAR
DO NOT WASH OR OIL
CHRYSLER CORPORATION-PARTS DIVISION
ELEMENT REPLACED AT MILES
Cable

1969 Plymouth A12 Road Runner 440-6

Technische Daten

Motorisierung (V8):	440 CUI Six-BBL
Vergaser:	drei Holley-Doppelvergaser
Leistung (SAE):	390 PS bei 4700 U/min
Drehmoment:	664 Nm

1969 ging Chrysler auf Nummer sicher. Der Road Runner, verkaufsmäßig ein Heimspiel für den Hersteller, erschien in weiten Teilen fast unverändert gegenüber dem Vorjahr. Allerdings gab es nun eine Motoroption, die deutlich aus dem 1969er Standard herausragte. Sie hieß A12 Six-BBL. Hinter dem kryptischen Kürzel verbarg sich eine Version des 440er Motors mit einem Trio aus Holley-Doppelvergasern, die auf eine speziell designte, von Edelbrock gebaute Aluminium-Ansaugbrücke gepflanzt waren. Bereits in Serienausführung wuchtete dieses Kraftwerk 390 PS auf die Kurbelwelle.

Um mit den zusätzlichen 15 PS fertigzuwerden, erhielt der V8 einen verstärkten Ventiltrieb. Dieser beinhaltete spezielle Ventilfedern, eine Nockenwelle mit verkleinertem Überschneidungswinkel, speziell geformte Stößel und verchromte Ventilschäfte. Zusätzlich hatte Plymouth einen Dual-Point-Verteiler, einen Visco-Lüfter sowie einen verstärkten Kühler spendiert. Die Hinterachse mit Sure-Grip-Differenzial war mit 4,10:1 stramm übersetzt, zusätzlich war ein Viergang-Schaltgetriebe Serie im A12 Six-BBL.

Die Motorhaube unterschied sich von allen anderen jemals in US-Serienwagen verbauten. So besaß das Leichtbau-Fiberglas-Teil keine Halter im herkömmlichen Sinne, sondern wurde von vier Hood Pins fixiert. Eine riesige schaufelförmige Hutze fütterte die im Verborgenen gierig lauernden Vergaser mit Frischluft. Zwar war so ein Six-BBL-gepimpter Road Runner alles andere als ein preiswertes Vergnügen (das Package kostete zusätzliche 462,80 Dollar), doch konnte man bei keinem anderen Muscle Car Leistung so spielend leicht abrufen wie mit diesem.

Das hier gezeigte Exemplar hört auf die Bezeichnung »Wayward Beeper« und ist das allererste Fahrzeug, das mit der A12-Six-BBL-Option ausgerüstet wurde. Zugleich trägt es die niedrigste Seriennummer aller gebauten A12-Boliden. Und damit nicht genug: Erstbesitzer des Road Runners war niemand Geringeres als Drag-Racing-Ikone Ronnie Sox, der mit exakt diesem Exemplar 1969 die Viertelmeile in 12,91 Sekunden und mit 111,1 mph durcheilte. Getestet und verbrieft in der Ausgabe Juni 1969 des Magazins *Super Stock and Drag Illustrated.*

Vom Chrysler-Werk Lynch Road, Detroit, wurde der Neuwagen am 11. März 1969 zur Chrysler Performance Product Planning Garage überführt. Dort modifizierte das Team den Wagen zum A12, um ihn wenig später auf eigener Achse nach New York zu bringen. Dort lieferten die Jungs den Wayward Beeper an die East Side Dealership in der 44. Straße in Manhattan aus, von wo aus er wiederum an Ronnie Sox nach North Carolina überstellt wurde.

»Man kann entweder den Basis-383er Wedge mit 335 PS kaufen«, schreibt Sox in seinem Bericht, »oder für um die 600 Mäuse das Hemi-Paket. Das beinhaltet so ziemlich alles, was den Vornamen ›Heavy Duty‹ trägt, 500 PS und massenhaft Drehmoment besitzt sowie einen Wartungs- und Pflegeplan ähnlich dem einer Apollo-Raumfähre.« Sox kommt zu dem wenig überraschenden Urteil, dass die A12-Option, die »ungefähr so viel Kraft entfaltet wie King Kong persönlich«, zweifellos die allererste Wahl sei.

440
6 BBL

ALTERNATOR
GASOLINE
LIGHTS
PANEL
DOME
VENT

Bei seinem Viertelmeilen-Run mit dem A12 erlaubte sich Sox eine einzige Modifikation: Er entfernte den Luftfilter. Selbst mit den Redakteuren der *Super Stock and Drag Illustrated* am Steuer pendelte sich der Road Runner bei Werten von knapp über 13 Sekunden ein. Und es sollte noch besser kommen: Das Auto erreichte eine offizielle Bestmarke von 12,76 Sekunden bei einer Geschwindigkeit von 110,7 mph auf der Viertelmeile des US 13 Dragway in Delmar, Delaware – am 2. August 1969. Womit dieser Road Runner A12 Six-BBL höchstwahrscheinlich das schnellste während der gesamten Muscle-Car-Ära gebaute Serienauto ist. Mag es auch ein bescheidenes Beförderungsmittel darstellen, zusammengeschustert aus einigen Speed Parts und einem Familienkutschen-Chassis: Dieses simple, antiquierte Gebilde ist genauso schnell wie die meisten Supercars des 21. Jahrhunderts!

Am 6. Februar 1970 erreichte Lester Willey aus Seaford, Delaware, ein Brief von R. E. Maxwell. Darin bestätigt Maxwell, tätig in Chryslers Rennsportabteilung, dass es sich bei Mr. Willeys Dodge Road Runner um eben jenes Exemplar handele, mit dem ein gewisser Ronnie Sox 1969 den Drag Strip abräumte. »Sie dürfen sich glücklich schätzen, dieses Auto zu besitzen. Viel Glück auf dem Drag Strip«, schmeichelt Maxwell dem sicherlich beeindruckten »zivilen« Erstbesitzer des wohl schnellsten A12-Serienwagens aller Zeiten.

16

1970 Plymouth Superbird

Technische Daten

Stückzahl:	93
Motorisierung (V8):	426 CUI Hemi
Leistung (SAE):	425 PS
Drehmoment:	664 Nm

1970 kreierte Plymouth seine eigene Interpretation eines »beflügelten Dr.-Seltsam-Renners«, bekannt geworden unter dem Namen Superbird. Dieser ähnelte mit seinem extrem hohen Heckspoiler und der »Schnuppernase« dem Dodge Charger Daytona, musste jedoch im Bereich seiner Dachpartie massive Eingriffe über sich ergehen lassen. Denn obwohl der Serien-Road-Runner eine aerodynamisch besser gestaltete Partie im Bereich des Heckfensters aufwies als ein Serien-Charger, hatte das Tunnel-Design des Charger auch gleich die simple Lösung des Problems vorgegeben: Die eingezogene Heckfenster-Partie zwischen den auslaufenden breiten C-Säulen wurde einfach mit einer flächenbündig aufliegenden vergrößerten Heckscheibe versehen. Beim Road Runner musste für einen ähnlich günstigen Effekt erst die entsprechende hintere Wind-Angriffsfläche verlängert werden.

Passenderweise wurden sowohl Dodge Charger Daytona als auch Plymouth Superbird von einem externen Unternehmen namens »Creative Industries« gebaut. Dessen Mannschaft hatte ihre liebe Last, rechtzeitig vor dem NASCAR-Homologations-Stichtag 1. Januar 1970 genügend Straßenversionen beider Superrenner auf die Räder zu stellen. Das Ergebnis war die Mühe wert, denn die Mopars demütigten den erbitterten Widersacher Ford auf den NASCAR-Kursen, indem sie 38 der 48 nationalen Rennen gewannen. Und sie hätten einen noch vollendeteren Sieg davongetragen, hätte die Reifentechnologie mit dem Tempo mithalten können, das die abenteuerlichen Flügel-Fahrzeuge an den Tag legten. Tatsächlich waren kollabierende Reifen für einige der haarigsten Unfälle in der Geschichte der NASCAR-Rennen verantwortlich. Die doppelte Bedrohung aus tödlichen Unfällen und einer absoluten Chrysler-Dominanz führte dazu, dass die Flügel-Boliden nach der Saison 1970 verboten wurden.

Bereits für die 1970er NASCAR-Saison galt das geänderte Homologationsreglement, nach dem jeder Hersteller nicht mehr pauschal 500, sondern ein Auto pro Händler zu bauen hatte. Was bedeutete, dass Chrysler exakt 1920 Superbirds vorweisen musste – mehr als drei Mal so viele Flügel-Monster, wie Dodge noch im Vorjahr 1969 an Charger Daytona

auf NASCAR-Geheiß produziert hatte. Der Grundpreis von 4300 Dollar bedingte zudem, dass einige Superbirds sich bei den Händlern die Flügel staubig standen, bevor sie ein Zuhause fanden. Allerdings bekam man für diesen Einstandskurs auch ein bestausgestattetes Auto mit Super-Commando-440-Maschine. Alternativ erhältlich waren das A12-Six-BBL-Paket und – natürlich – der 426er Hemi.

Das hier gezeigte Exemplar verfügt über ebendiesen Top-Dog-Hemi, eine Option, die sich nur in 93 der 1920 Superbirds findet. Der Originalmotor, ursprünglich nach einem Schaden durch eine andere Maschine ersetzt, konnte jedoch aufgefunden werden und nach seiner Restaurierung wieder an seinen Stammplatz zurückkehren.

Der hier gezeigte Superbird sorgte zwar nie auf einem Drag Strip für Furore, dafür aber im richtigen Leben: Bei einem Raubüberfall auf Harrah's Casino in Reno diente das schnelle Geflügel als Fluchtwagen. Was ihm keinen Pokal einbrachte. Aber den Spitznamen »Geldsack«.

Plymouth
ROAD RUNNER
SUPERBIRD
GOODYEAR
POLYGLAS GT

HEMI

GOODYEAR

road runner
PLYMOUTH
HOLLYWOOD

road runner

Plymouth
43
The obvious reason
Richard Petty came back.
SuperBird, the ultimate Road Runner.
It's not the only reason Richard returned to Plymouth, but you can put it at the top of the list. (We're building a limited number of completely streetable SuperBirds. Check your Plymouth Dealer.)
Another reason came from Richard himself. "The Pettys and Plymouth are like, well, like family." During an 11-year association with Plymouth, Richard won (among other things) two national championships, most total money and a legion of loyal fans. Richard's also won a record 101 victories, 92 of them in Plymouths.
Now the family's back together again. And we're glad.
The Pettys will prepare a couple of SuperBirds for the superspeedways and run the smaller Road Runners on the short tracks.
So we're officially back in NASCAR Grand National racing. With the most successful stock car driver in history.
Which is the sort of thing you could expect from Plymouth.
Because we have the most comprehensive high-performance program in the industry.
It's called the Rapid Transit System. And it offers everything from the cars themselves (Road Runner, GTX, 'Cuda, Duster 340 and Sport Fury GT), to factory tuning manuals and high-performance parts, all the way to TransAm racers, Super Stockers and AA/Fuel dragsters.
If you're a car enthusiast of one kind or another, you'll feel at home in the System. Because there's something for every kind of enthusiast.
It's sort of a family affair.
In more ways than one.
The Rapid Transit System
Plymouth makes it
Road Runner Character © Warner Bros.—Seven Arts, Inc.

PANEL
DOME
OFF
BRAKES

17

1971 Plymouth 'Cuda Hemi Convertible

Ganze sieben Plymouth Hemi 'Cuda Cabriolets baute Chrysler 1971 für den US-Markt – ein Umstand, der jedes einzelne dieser Autos zu einem der exklusivsten Fahrzeuge der Welt macht. Noch seltener sind die vier Hemi 'Cuda Cabriolets, von denen zwei für Kanada und zwei für Europa gebaut wurden. Das hier gezeigte Auto gehört zu Letztgenannten und wurde 1971 in Frankreich ausgeliefert. Allen Lesern, denen das noch immer nicht exquisit genug erscheint, sei gesagt: Es ist auch das allerletzte jemals gebaute Hemi 'Cuda Cabriolet überhaupt. Punkt. Danach gab es keines mehr, und da Plymouth mittlerweile auf dem Müllhaufen der Geschichte gelandet ist, wird es auch kein weiteres geben. Nie mehr.

Technische Daten

Stückzahl:	11 (7 für die USA, 2 für Kanada, 2 für Europa)
Motorisierung (V8):	426 CUI Hemi
Leistung (SAE):	425 PS
Drehmoment:	664 Nm

Ausgeliefert wurde dieses Hemi 'Cuda Cabriolet höchstwahrscheinlich im französischen Mulhouse – durch einen Simca-Händler. Was nicht verwundert, war der Hersteller damals doch Teil von Chrysler France. Gerüchteweise soll niemand Geringeres als die fabelhafte Schriftstellerin Françoise Sagan Empfängerin des US-Boliden gewesen sein – was zu ihrem Beuteschema des schnellen offenen Wagens passte. Sagan, eine Art weiblicher J. D. Salinger, war bekannt für ihre schnellen Fahrten, zum Beispiel nach Saint-Tropez im Jaguar E-Type. Restlos geklärt ist der Vorbesitz des Hemi 'Cuda Cabrio nicht, das schließlich zwecks Restaurierung nach Richmond, Virginia, verschifft wurde. Anstatt ihn danach wieder gen Frankreich zu schicken, arrangierte Bill Wiemann – Inhaber von Bill Wiemann Motor Sports, einem auf besondere Fahrzeuge spezialisierten Händler in Fargo, North Dakota – den Verbleib des 'Cuda in den USA. Namentlich in seiner eigenen Sammlung von Hemi-Cars.

Außer, dass dieses Hemi 'Cuda Cabriolet das letzte jemals gebaute ist, trägt es auch als eines von nur zwei Exemplaren das Foliendekor im Billardstock-Design. Aus unerfind-

lichen Gründen wurde es zwar mit Lederausstattung und lederner Huptaste (!) bestellt, jedoch auch mit manueller Verdeckbetätigung und ohne Radio. Zusätzlich zur verbauten Dreigangautomatik besitzt das Hinterachsgetriebe eine Übersetzung von 3,23:1, was weniger dazu geeignet ist, die schiere Hemi-Kraft auf die Straße zu übertragen, sondern eher zum entspannten Highway-Cruising animiert. Was um alles in der Welt jemanden dazu bewegen sollte, für einen solchen Zweck ausgerechnet auf einen Hemi-befeuerten 'Cuda zu verfallen, sei dahingestellt ... Davon abgesehen hätten der hohe Preis des Wagens sowie der monströse Durst der Maschine auf hochoktaniges Super das Highway-Cruisen auch zu einem deutlich teuren Vergnügen gemacht, weshalb die meisten Hemis auch von Menschen gekauft wurden, die damit nur eine Viertelmeile fahren wollten. In einer bestimmten Zeit. Das ist auch einer der Hauptgründe dafür, dass die meisten der überlebenden Hemis relativ geringe Kilometerleistungen aufweisen. So zeigte der Gesamtkilometerzähler des hier abgebildeten Hemi 'Cuda Cabrio zum Zeitpunkt seines Erwerbs durch Wiemann ganze 12000 Kilometer (entsprechend 7400 US-Meilen; aufgrund der Auslieferung nach Europa waren Tachometer und Zähler in Kilometer geeicht).

HEADLAMPS
WIPER-WASHER
FUEL
OIL
TEMP
ALT
R.P.M.
X1000
CARB AIR

hemi

SHAKER
hemicuda
CHRYSLER FRANCE

1971
GOODYEAR

CHRYSLER CORPORATION
DETROIT MICHIGAN U.S.A.
IMPORTATEUR DISTRIBUTEUR
CHRYSLER FRANCE
136, Champs Elysées. PARIS VIIIe
Type
Série
autorisé en charge

cuda
by PLYMOUTH

POLYGLAS GT - F60-15
GOODYEAR
GOODYEAR

18

1971 Plymouth Road Runner Hemi

Die letzte große Investition Chryslers im Wettstreit der Muscle Cars stellte die komplett neu konstruierte B-Plattform von 1971 dar. Erneut zeigten die B-Body-Cars das bereits von ihren Vorgängern bekannte Coke-Bottle-Design, übernahmen jedoch gleichzeitig Stilmerkmale und Proportionen der Pony Cars (lange Haube, kurzes Dach). Während Charger, Super Bee, Road Runner und auch die GTX-Varianten des B-Body-Chassis weiterhin angeboten wurden, musste der Coronet R/T über die Klinge springen. So wie überhaupt alle Killer-Block-Triebwerke, die einst den legendären Mopar-Ruf begründeten, 1971 aus dem Modellprogramm verschwanden – inklusive der Six-Pack-Versionen des 440 und des omnipotenten 426 Hemi. Zusätzlich folgte Chrysler dem Vorbild von General Motors und reduzierte das Kompressionsverhältnis der RB-Block-Motoren, hielt aber zumindest mit dem Hemi die Stellung. Dieses

Technische Daten

Stückzahl:	28
Motorisierung (V8):	426 CUI Hemi
Leistung (SAE):	425 PS
Drehmoment:	664 Nm

Biest wurde auch für 1971 unverändert angeboten – der Chrysler-Hemi war damit der letzte der ursprünglichen Krieger, der auf dem Schlachtfeld der Muscle Cars noch aufrecht stand …

Der hier präsentierte Wagen besitzt den erwähnten Hemi, welcher im Modelljahr 1971 jedoch nur ganze 55 Mal in Kombination mit dem Road Runner bestellt wurde. Zudem verfügt er über ein Viergang-Schaltgetriebe, was ihn noch rarer macht, wurden doch gerade einmal 28 handgeschaltete 1971er Road Runner Hemi produziert. Die durchgehende vordere Sitzbank des Wagens bedingt einen extralangen Schalthebel, um Hursts berühmt-

road runner
POLYGLAS GT - G60-15
GOODYEAR

HEMI

COYOTE DUSTER
AIR GRABBER

Plymouth
CHRYSLER
The standard insurance rating is standard.
New 383 and 340 cubic inch Road Runners receive the blessing of a standard insurance rating.
Who from?
From the companies that issue the majority of automobile insurance in this country, that's who.
Now that's pretty important considering the Road Runner is still the car you've come to know and love.
This year's version comes with (among other things) fat tires, high-flow cylinder heads, 4-barrel carburetion and heavy-duty brakes and suspension.
And a wider rear track and shorter wheelbase.
And, as you can see, a super slick new body.
Go see it and the other R.T.S. Plymouths ('Cuda, Duster 340 and GTX) at your Plymouth Dealer's.
Beep-Beep.
The Rapid Transit System. Coming through.

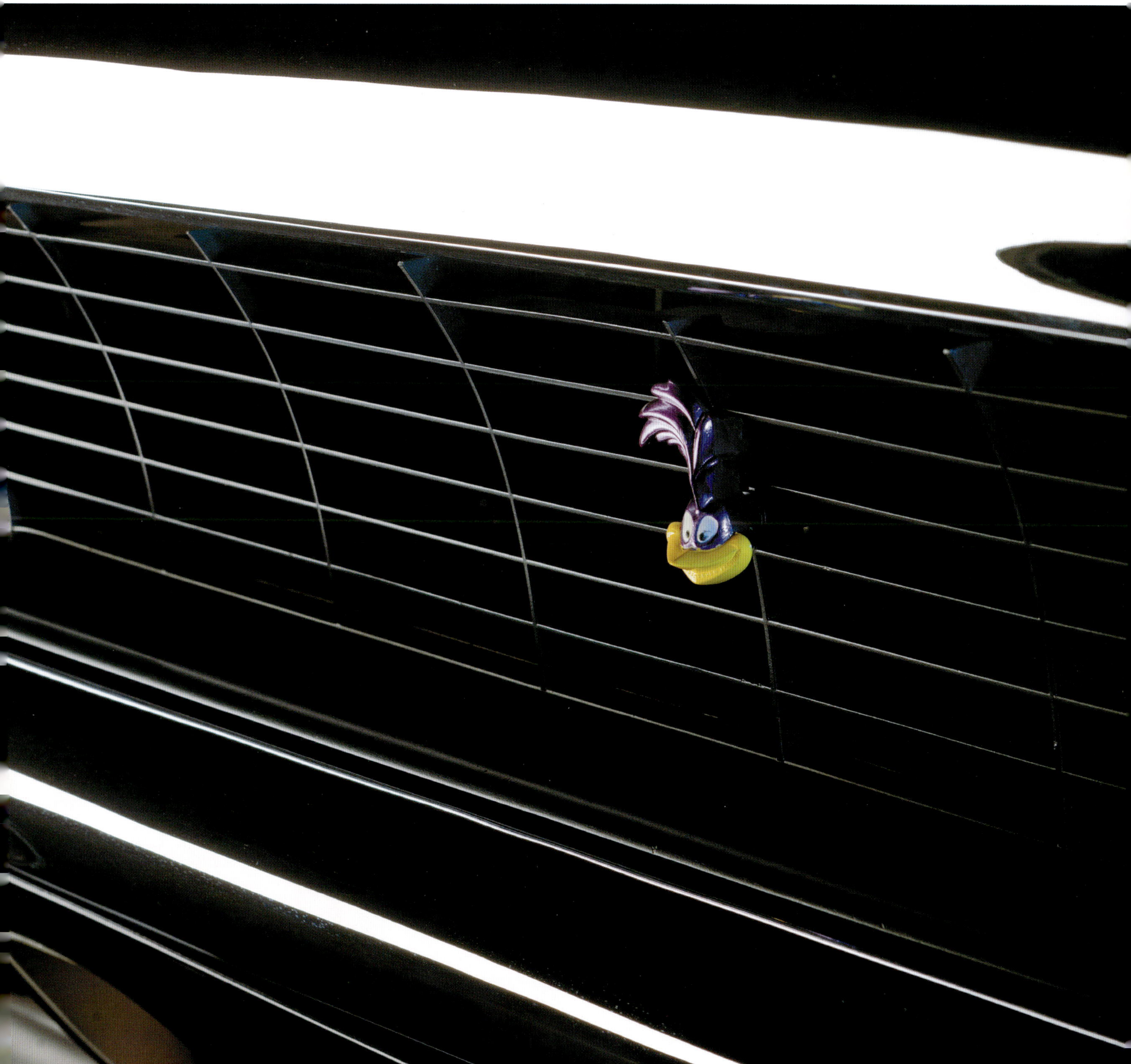

HEMI

berüchtigten Schaltknauf in Pistolengriff-Manier verbauen zu können. Was die sowieso schon unpräzise Pistol-Grip-Führung noch unpräziser machte. Einen Wagen mit dieser Konfiguration zu fahren, glich ein wenig dem Herumrühren in einem Butterfass. Aber – verdammt cool sah es aus!

Generell hatte der Erstbesitzer bei der Ausstattung seines Road Runner Hemi mit Luxusfeatures ziemlich gegeizt, wie die nicht vorhandenen vorderen Einzelsitze bestens belegen. Dafür besaß er genügend Gespür für die Ausrüstung des Wagens mit der furchteinflößend aussehenden Air-Grabber-Hutze. Deren Funktion bestand in erster Linie darin, bei Straßenrennen Eindruck zu schinden. Tatsächlich konnte die Hutzenklappe mittels eines Hebels unter dem Armaturenbrett bei Bedarf manuell geöffnet werden. Nicht überliefert ist, ob dies eine messbare Erhöhung der Leistung zur Folge hatte. Der psychologisch nachhaltige Effekt auf alle, die in der Hoffnung auf ein Rennen in den Straßen herumstreunten, ist dagegen unbestritten.

Teil 3
Ford / Mercury / Shelby

»Haben wir die Muscle-Car-Ära ausgesessen? Nun, in gewissem Sinne – ja!«, gab Don Frey, kürzlich verstorbener Leiter Produktplanung bei Ford in den 1960er-Jahren, in einem Interview 2005 zu. Dass Ford nie ernsthaft der vom Pontiac GTO gesetzten Muscle-Car-Formel – kleines Auto, dicker Motor – nachgelaufen war, soll nicht bedeuten, dass der Hersteller Wünsche und Bedürfnisse des gigantischen Baby-Boomer-Marktes nicht begriffen hätte. Mochte ein gewöhnlicher Beobachter den Eindruck gewonnen haben, Ford sei sanft hinter dem Lenkrad eingeschlummert, hatten die Entscheider sehr wohl registriert, wonach der Markt verlangte. Nämlich einem Pony Car wie dem Ford Mustang, von dem bereits exakt einemillionzweihundertachtundachtzigtausendfünfhundertsiebenundfünfzig Exemplare verkauft waren, noch bevor Chevrolets Camaro überhaupt in die Showrooms der Händler gerollt kam. Zwar passte der ursprüngliche Mustang, basierend auf dem Mittelklassemodell Falcon, anfangs nicht ganz in die Gussform eines potent-brachialen Pontiac GTO. Als aber die Muscle-Car-Ära sich ihrem Ende zuneigte, waren die Zwillinge Mustang und Mercury Cougar zu Midsize Cars ausgewachsen – mit Motoren, die den Vergleich mit denen des Wettbewerbs nicht scheuen mussten.

Ungeachtet der Tatsache, dass Ford kein Auto entwickelte, das exakt dem Archetypus des Pontiac GTO entsprach, war man in Wirklichkeit den schnellen Schlitten mindestens genauso zugetan wie bei Chrysler – wenn nicht sogar noch mehr. Lee Iacocca, Ford-Vorstandsvorsitzender, überzeugte den Vorsitzenden seines Aufsichtsrates – Henry Ford II – von der Notwendigkeit, der Marke ein sportliches Image zu verpassen. Dies vor dem Hintergrund, dass Chevrolet die NASCAR-Superspeedways dominierte und Chryslers neuer Max Wedge die NHRA Drag Strips. Ford dagegen hatten die so wichtigen Auto-verrückten Baby-Boomer komplett ausgeblendet. Die Marke schien für sie quasi nicht zu existieren. Iacocca machte Henry Ford II unzweifelhaft klar, dass Ford nur zwei Möglichkeiten habe: entweder sofort entschieden zu reagieren oder einen vielversprechenden Markt kampflos der Konkurrenz zu überlassen.

Listig wie er war, kontaktierte Iacocca daraufhin seine Vorstandskollegen bei General Motors, um sich an geeigneter Stelle über die angeblich himmelschreienden Verletzungen des AMA-Rennverbots von Pontiac und Chevrolet zu beschweren. Die GM-Oberen erwiderten, diese Vorgänge seien das Werk einzelner schlitzohriger Markenvorstände, gegen die der GM-Vorstand leider machtlos sei. Umgehend erklärte Ford, sich ebenfalls nicht länger dem selbst auferlegten Verzicht auf Rennsportaktivitäten verpflichtet zu fühlen. De facto hatte »Teufel« Iacocca der AMA damit nichts anderes mitgeteilt, als dass sie sich mit ihrem Verbot zum Teufel scheren konnten. Ford gab nun seinerseits umgehend die Parole »Total Performance« aus, was in der Teilnahme an den hochkarätigsten Rennveranstaltungen kulminierte. Iacocca und seine Mannschaft verloren keine Zeit, um erneut bei den NASCAR-Rennen und auf den Drag Strips kräftig mitzumischen. War Ford auch niemals angetreten, ein offizielles Muscle Car zu entwickeln, zählen die Autos, die ab 1966 zwecks Homologation von Motoren und Chassis entstanden, zweifellos zu den reinsten und besten Muscle Cars ihrer Zeit.

19

1966 Ford Fairlane 427 Lightweight

Technische Daten	
Stückzahl:	57
Motorisierung (V8):	427 CUI Side-Oiler
Leistung (SAE):	425 PS
Drehmoment:	664 Nm

Ganz im Sinne von »Total Performance« begann Ford, seine Samen in eine besonders breite Furche zu streuen: Sports Car, Stock Car, Open Wheel, Drag Racing – bei wirklich all diesen relevanten Performance-Competitions war das Unternehmen vertreten. Und speziell für diese Rennen entwickelte Ford V8-Motoren, die oft genug die Pokale abräumten. Der erste Motor, der die Strips dominierte, war das 427er NASCAR-Triebwerk, eine Weiterentwicklung des 406-FE-Blocks. Vorgestellt 1963, wies dieser Motor so exotische Technik wie Hauptlagerdeckel mit zusätzlichen seitlichen Schrauben, gesenkgeschmiedete Kolben, geschmiedete Auslassventile mit verchromtem Schaft und elektronische Transistorzündung auf. Die Drag-Racing-Variante dieser Maschine besaß zwei Vierfach-Vergaser und entwickelte eine Leistung von 425 PS. Ausgerüstet mit (vom NASCAR-Reglement vorgeschriebenem) einzelnem Vierfach-Vergaser kamen immerhin noch 410 PS dabei raus. Ford Galaxies mit dieser Maschine erreichten die Ränge eins bis fünf bei den Daytona 500 von 1963, zusätzlich gewannen diese Monster auch die Manufacturers Champion-

ship im selben Jahr. Zu Homologationszwecken produzierte Ford Leichtbau-Galaxies mit dem 427er Motor, reine Rennmodelle mit Motorhauben und Kotflügeln aus Fiberglas.

1965 überarbeitete Ford die 427er Maschine, die in der Folge den Spitznamen »Side-Oiler« erhielt – aufgrund ihrer seitlich in den Motorblock eingearbeiteten Ölkanäle. Analog zu Chryslers 426 Hemi war auch der schwere, temperamentvolle Side-Oiler mit seinen schlechten Manieren nicht für den normalen Straßeneinsatz gemacht und stellte daher eine schlechte Wahl für den Alltagsgebrauch dar. Was dem Umstand keinen Abbruch tat, dass Ford Autos mit diesem Motor verkaufen musste, wollte man ihn für den Rennsport offiziell homologieren.

THE

1966 "427" FAIRLANE

1966 was a banner year for performance Ford enthusiasts. Prior to this year, the "average" Ford man had rather limited accessibility to "factory" race prepared drag cars. The 1963½ lightweight Galaxies, the '64 Thunderbolt Fairlanes and the cammer Mustangs, and '64 -'65 Comets and Falcons, were among the more popular factory prepped race cars. The one thing all these cars had in common was that the factory made special modifications to permit the installation of the 427's. Not only were the cars expensive, Ford Motor Company wasn't selling them to just anyone who walked in off the street. For the average drag racer, these cars were unobtainable.

1966 was the year that turned it all around. The newly designed Fairlane and Comet bodies would now accept the "FE" series engines. Finally, the Ford drag racers got the break they needed. Even though the quantities of 427 Fairlanes were to be limited, anyone could put their own 427 into a Fairlane body. The popularity of the new Fairlanes was overwhelming. Drag strips quickly became populated with the new Fairlanes. Most of the Fairlanes that found their way to the drag stripe were powered by the "FE" series 390 GT engines, boasting 335 horsepower. But, 70 lucky Ford fanatics were honored with the priviledge of running the factory produced 427 Fairlanes.

Each 427 Fairlane was equipped with the potent 427 high-riser, rated at 425 hp. at 6000 rpm. A new cam gave the engine 480 foot/pounds at 3,700 rpm., which made it a natural performer on the street and strip. The cars were also factory equipped with a special heavy-duty 9" rear axle with 31 spline shafts and a nodular iron differential housing. Production line gearing was 3.89 to 1. Special handling shocks and springs, and front disc brakes, were standard equipment. Rounding off the outer appearance was an all fiberglass hood with a huge functional scoop that was held in place by four hood pins; and of course, last but not least, the 427 fender emblems which gave the competition only a hint of the trouble they were in.

Ford aimed it's new Fairlane at both the street and strip targets and became a winner at both. From it's introduction in 1966 to the present, these 427 Fairlanes have earned their place among the greatest street/strip cars ever produced.

John Paradise's Super Ford Collector Series #12

THE SUPER FORD PARTS EXCHANGE
T 110 Ovid Street • Seneca Falls, New York 13148
Any reproduction forbidden without written permission from publisher

1966 modifizierte Ford den Fairlane, indem man dem typischen Midsize-Car durch Umkonstruktion mehr Platz im Motorraum verschaffte. Damit passte der 427-Side-Oiler auch in den Fairlane – im gezeigten Wagen als leistungsgesteigerter FE Medium Riser mit 425 PS. Diese außerordentlich potente Maschine wurde in nur 57 Fairlanes verbaut, die größtenteils den besten der werksunterstützten Drag Racer zur Verfügung gestellt wurden.

Klar erkennbar sind diese äußerst seltenen Fairlanes an ihren jeweils exklusiven Fiberglas-Motorhauben mit Lufthutzen. Wie beim A12 Road Runner besaßen auch sie keine Haubenscharniere, sondern vier Befestigungspunkte mit Hood Pins. Als reiner Drag Racer hatte so ein Fairlane natürlich weder Servolenkung noch servounterstützte Bremsen, immerhin jedoch Scheibenbremsen vorn (eine Option, die in keiner offiziellen Fairlane-Zubehörliste auftauchte). Noch ein Viergang-Schaltgetriebe obendrauf, und mehr brauchte ein 427 Lightweight nicht, um auf dem lokalen Drag Strip zu triumphieren (okay, einen talentierten Fahrer vielleicht noch). Unser hier gezeigter Fairlane ist eines von nur zwei Exemplaren mit ab Werk entfallener Heizung, in dessen Handschuhfach noch immer das originale Informationsblatt von Ford liegt, welches den Käufer darüber informierte, dass der Wagen »speziell als Leichtbau-Wettbewerbsfahrzeug entstand«. Als ob die Lift-off-Fiberglashaube und der hochexplosive Motor irgendeinen Zweifel an der Bestimmung des Wagens zugelassen hätten ...

427

FAIRLANE 500
FMC 427

FORD

FAIRLANE 500

20

1966 Ford Galaxie Hardtop 500 XL R-Code

Technische Daten

Stückzahl:	49
Motorisierung (V8):	427 CUI Side-Oiler
Leistung (SAE):	425 PS
Drehmoment:	664 Nm

Fords brutaler 427 besaß in etwa die Subtilität eines Presslufthammers. Der 428, der ihn ersetzte, kam etwas straßentauglicher daher. Sein längerer Hub machte ihn fahr- und beherrschbar, ganz im Gegensatz zum 427, der ständig »Alles oder nichts!« zu grölen schien, ein Motor, dem du entweder das Gaspedal ins Bodenblech latschtest oder wütende Tritte gegen den Block verpasstest, weil die Karre mit weniger als Volllast nie zufrieden war und, sich verschluckend und röchelnd, gern den Dienst quittierte. Da nun die meisten Eigner von braven Familienlimousinen es eher nicht schätzten, jede Ampelkreuzung mit reifenmordenden Burnouts zu markieren, war Ford so weise, den 1966er Ford Galaxie 500 mit dem »zahmen« (und brandneuen) 428-V8 auszurüsten …

Trotzdem behielt Ford den 427 für all diejenigen im Angebot, die eben doch lieber einen Rennwagen anstatt eines gewöhnlichen Automobils kaufen wollten. Eine Option, die jedoch nur von 237 potenziellen Rennfahrern in Anspruch genommen wurde. Die R-Code-Version mit ihren zwei Vierfach-Vergasern rotzte 425 PS aus den Krümmern – gerade einmal 49 Käufern gefiel das. Und nur einer dieser stärksten Galaxie 500 – der hier abgebildete – wurde in der Sonderfarbe »Coventry Grey« geordert.

FORD
GALAXIE 500 XL

Wie bei einem Auto mit kompromisslosem Drag-Racing-Motor durchaus zu erwarten, besitzt dieses Exemplar Viergang-Knüppelschaltung, verstärktes Fahrwerk und Hochleistungsbremsen sowie ein Neun-Zoll-Hinterachsdifferenzial. Die weiteren ab Werk verbauten Extras gehen jedoch in eine unerwartete Richtung, zum Beispiel entschied sich der Erstbesitzer für elektrische Fensterheber. Dies vielleicht auch nur, damit er das Fenster nicht erst mühsam per Hand herunterkurbeln musste, um sich die Fahrzeugpapiere eines beim Straßenrennen Gedemütigten zu schnappen ...

GALAXIE 500 XL

Darüber hinaus bestellte er sogar ein AM/FM-Radio mit unterhalb des Armaturenbretts angebrachtem Acht-Spur-Cassettendeck. Ein eigentümliches Extra, wenn man davon ausgeht, dass er unmöglich in der Lage gewesen sein kann, etwas anderes zu hören als das infernalische Spektakel der beiden Vergaser, die Gallone um Gallone in den Rachen des Kurzhubers kippten.

Man kann nur spekulieren, ob der Erstbesitzer – im günstigen Fall – ein verschrobener Individualist war oder – im negativen Fall – ein komplett matschbirniger Irrer. Egal: Jeder, der Muscle Cars liebt, sollte schlicht dankbar dafür sein, dass Ford in seinem Auftrag solch eine wilde Bestie auf öffentlichen Straßen aussetzte.

FORD

GALAXIE

21

1968 Shelby GT500 KR

Technische Daten

Stückzahl:	1053
Motorisierung (V8):	428 CUI
Leistung (SAE):	335 PS
Drehmoment:	597 Nm

Die 1968er Shelby Mustangs unterschieden sich nur wenig vom 1967er-Jahrgang. Doch wo und wie sie produziert wurden, änderte sich dramatisch. Bis 1967 hatten die Bestellungen von Shelby Mustangs bei weitem Shelbys Herstellungskapazitäten überschritten, sodass Ford 1968 dazu überging, die Renn-Ponys selbst zu produzieren – in den eigenen Fabriken. Was darauf hinauslief, dass »Shelby« zu einem sehr exklusiven Sonderausstattungspaket wurde.

Inmitten des Modelljahres 1968 präsentierte Ford ein neues Modell: den Shelby GT500 KR. Der Legende nach war Carroll Shelby zu Ohren gekommen, Chevrolet beabsichtige, den Titel »King of the Road« zu verwenden. Also sicherte er sich die Bezeichnung als Erster, Chevy guckte in die Endröhre, vor allem in die des bisherigen GT500, der nun GT500 KR hieß.

Das entscheidende Merkmal, das einen GT500 KR von einem Standard-T500 unterscheidet, ist die 428er Cobra Jet Engine des Erstgenannten. Der 1968er GT500 besaß den 428er Police-Interceptor-V8. Und während der originale 1967er GT500 von zwei 600-cfm-Holley-Vierfach-Vergasern gefüttert wurde, begnügte sich der 1968er mit einem einzigen 735-cfm-Holley-Vierfach-Vergaser. Die Cobra-Jet-Version bereicherte das Ganze mit einem funktionstüchtigen Ram-Air-System, das Frischluft über eine Lufthutze auf der Motorhaube zuführte. Der Motor erhielt zahlreiche leistungssteigernde Maßnahmen, wie zum Beispiel Better-breathing-Zylinderköpfe, eine verstärkte Ölwanne, über der sich eine steifere, gegossene Kurbelwelle drehte, sowie überarbeitete Pleuel.

GT500 KR

Dieser spezielle Shelby GT500 KR ist eines der Exemplare mit gut dokumentierter Geschichte. Gebaut als ein entspannendes Grand-Touring-Coupé mit einer Hinterachsübersetzung von 3,00:1, wies es ein C6-Automatikgetriebe, eine Klimaanlage und wirklich alle für den Shelby verfügbaren Extras auf. Es wurde am 3. Juni 1968 fakturiert, am darauffolgenden Tag gebaut und am 28. Juni an Galpin Motors in Sepulveda, Kalifornien, überstellt. Erstbesitzer Lewis Carlisle arbeitete als Pilot des Baseballteams Los Angeles Dodgers. Der Umstand, dass Carlisle wohl mehr Zeit mit den Dodgers in der Luft als auf dem Highway am Steuer seines Shelby GT500 KR verbrachte, mag wohl der Grund für die geringe Gesamtfahrleistung seines Wagens sein. Als der Pilot seinen Shelby 1987 verkaufte, hatte dieser gerade einmal 6237 Meilen zurückgelegt. Heute weist dieser GT500 KR 6800 Meilen auf, und noch immer tragen ihn seine originalen Reifen von 1968.

Als Carlisle den Wagen übernahm, beauftragte er Galpin Motors mit der Ausrüstung des GT500 KR mit einem Zweispeichen-Holzlenkrad und Stabilisatoren an der Hinterachse. Beides befindet sich noch immer am Fahrzeug und macht dieses zu einem der feinsten originalen und nicht restaurierten Shelby GT500 KR überhaupt.

GT500 KR
GOODYEAR

EAK
S H E L B Y
EAT
SAN FERNANDO VALLEY
GALPIN FORD

22

1969 Ford Mustang 390 Mach 1

Technische Daten

Stückzahl:	2
Motorisierung (V8):	390 CUI
Leistung (SAE):	320 PS bei 4600 U/min
Drehmoment:	579 Nm bei 3200 U/min

Gegen Ende der 1960er-Jahre gingen Fords Mustang-Verkäufe aus gleich mehreren Gründen merklich zurück. Generell verkauften sich Muscle Cars zu Beginn der 1970er-Jahre schlechter, teilweise wegen des in genau dieser Zeit eskalierenden Vietnam-Krieges. Zu jenem Zeitpunkt versuchten am anderen Ende der Welt eine Million potenzieller Muscle-Car-Käufer, sich nicht in Dschungels voller Ungeziefer umbringen zu lassen. Wenn man in einem Reisfeld liegt, bedeckt von Blutegeln und darauf bedacht, nicht in einer Bambusfalle aufgespießt zu werden, fällt es ein wenig schwer, mal auf einen Sprung beim Autodealer vorbeizuschauen und zu shoppen.

Beim Mustang war der spürbare Rückgang der Verkaufszahlen zu einem guten Teil aber auch auf das verwirrend vielfältige Aufgebot der Muscle-Car-Konkurrenz zurückzuführen. Fords Lösung für dieses Problem? Das eigene verwirrend vielfältige Muscle-Car-Aufgebot. Zu Mustang, Mustang GT, Shelby Mustang GT 350 und Shelby Mustang GT500 stießen im Modelljahr 1969 zusätzlich drei weitere neue High-Performance-Mustangs: Boss 302, Boss 429 und Mach 1.

mach
MUSTANG
Radial T/A

Erhältlich ausschließlich als Fastback, stellte der Mach 1 in erster Linie ein Optik-Paket dar. Es umfasste eine mattschwarze Motorhaube mit Fixierungsbolzen und »normaler« Lufthutze (eine Shaker Hood Scoop wurde als zusätzliches Extra angeboten), Styling-Felgen, verchromten Tankdeckel, verchromte Endrohre und eine De-luxe-Innenausstattung. Ein eher milder 351-Windsor-V8 mit Doppelvergaser dockte an ein Dreigang-Schaltgetriebe an, was eine gewisse Basis-Power garantierte. Dessen ungeachtet konnte man natürlich wieder eine Reihe von größeren Motorisierungen für den Mach 1 ordern, bis hin zum kraftvollen 428er Super Cobra Jet Drag Pack mit 4,30:1 übersetztem Detroit-Locker-Hinterachsdifferenzial.

Das hier gezeigte Exemplar wurde mit dem 390er Vierfach-Vergaser-V8 ausgerüstet, einer schweren und nicht besonders starken Variante der originalen FE-Maschine. Sie produzierte 320 PS bei 4600 U/min und ein maximales Drehmoment von 579 Newtonmetern bei 3200 U/min. Mustangs mit diesem Motor waren zu beeindruckenden Burnouts fähig, doch jeder gut gehende 396er Chevrolet stach einen 390er Mustang aus.

Dieser spezielle Mustang Mach 1 war ursprünglich von einem Arzt gekauft worden, der Carroll Shelbys Mutter in Behandlung hatte. Shelby hatte nach einem Gefallen gefragt, mit dem er dem Doktor seine Dankbarkeit erweisen könne. Wie der Zufall es wollte, hatte der Doc gerade einen Mustang bestellt. Carroll Shelby veranlasste daraufhin die Überstellung des schnellen Doktorwagens zu der Firma, die Schiebedächer in Mercury Cougars einbaute. So wurde das hier gezeigte Exemplar zu einem von ganzen zwei Mustang Mach 1 mit Schiebedach.

mach 1
BFGoodrich
BFGoodrich

If you haven't
got a past yet...
get a Mustang.
Now.
The original Mustang. Gave so many people so many beautiful memories.
Let the good times roll. Take off in a new Mustang Mach 1 that's down-to-earth lightning. Comes with a 351-cu. in. V-8 that comes on. Comes with the works: GT suspension to put you in a groove on curves, fully synchronized 3-speed manual transmission, styled steel wheels, wide-tread tires, external hood latches, built-in rear deck spoiler, high-backed buckets, faired side mirrors. And lots more like that. Or consider life in a Grandé, the most luxurious Mustang of them all. All 5 Mustangs for '69 have been redesigned to be roomier, wider, longer, lower, racier. Start there and design your own Mustang. Sporty, cool, hot or what-not. There are options for whatever you have in mind. Start living an action story. Go Mustang! And get a past. Fast.
MUSTANG
Ford
It's the going thing!

23

1969 Ford Mustang Boss 429

Technische Daten

Stückzahl:	859
Motorisierung (V8):	429 CUI
Leistung (SAE):	375 PS bei 5200 U/min
Drehmoment:	610 Nm bei 3400 U/min

Fords heißer Wunsch nach Überlegenheit auf dem NASCAR-Strip war der Zündfunke, der schließlich zur Entstehung des Mustang Boss 429 führte. Ein Großteil des Erfolges von Fords 427er NASCAR-Rennwagen war auf deren aerodynamische Optimierung zurückzuführen. Fords Entwicklungsabteilung betrachtete den 427 als ein wenig in die Jahre gekommen und erblickte den Nachfolger in Gestalt des 429. Dieser 429 war ein halber Hemi, wegen seiner halbmondförmig abgeflachten Bereiche neben den Ventilsitzen oft auch als »Crescent Head« bezeichnet. Weil die vom NASCAR-Reglement geforderten minimalen Produktionszahlen für jeden einzelnen Motortyp galten, bot Ford den 429 ab 1969 im Boss an.

Ford stattete die ersten 279 Boss-429-Straßenversionen mit hydraulischen Stößeln aus, schwenkte gegen Jahresmitte 1969 jedoch auf normale Stößel um. Die Motoren, untertrieben mit 375 PS angegeben, wurden in Fords Motorenwerk in Lima, Ohio, gebaut. Die nachfolgenden Produktionsschritte gestalteten sich irrwitzig kompliziert: »Verheiratet« wurden Antriebe und Autos bei Kar Kraft in Brighton, Michigan, einer halboffiziellen Ford-Dependance. Was bedeutete, dass die bis auf die Motoren kompletten Autos aus dem River-Rouge-Werk in Detroit kamen, die Motoren allerdings aus Lima angeliefert werden mussten. Damit aber nicht genug ...

Zusätzliche Komplikationen tauchten auf, als Rouge sich weigerte, die Autos ohne Motoren zu bauen. Kar Kraft lehnte seinerseits die von Rouge fabrizierten serienmäßigen 429er Boss-Maschinen ab. Um des lieben Friedens willen akzeptierte Kar Kraft schließlich komplette Mustangs aus Rouge inklusive der verbauten 428-CJ-Motoren und aller Spezifikationen, die ein CJ-Paket zum Big Boss machten. Kar Kraft karrte die Mustangs also per Autotransporter von Rouge nach Brighton, baute dort kurzerhand die 428-CJ-Maschinen aus, lagerte sie ein, installierte »eigene« 429er Motoren nebst zusätzlichen Ölkühlern, versetzte die Batterien in die Kofferräume und montierte Lufthutzen, Rennspiegel und Boss-Folienschriftzüge. Danach gingen die derart von Hand umgebauten Mustangs zur Auslieferung als echte Boss 429 zurück ins Ford-Werk River Rouge. Noch irgendwelche Fragen?

Auf diese Weise produzierten Ford und Kar Kraft gemeinsam gegeneinander 859 Boss 429. Die zusätzlich zum Basispreis eines Fastback-Mustang zu entrichtenden 1208 Dollar erschwerten den Abverkauf des Boss 429. Die geringe Stückzahl lag aber auch daran, dass ein Boss 429 kein wirklich gutes Auto war, um es deutlich zu sagen. Sicherlich, ein ansehnliches Coupé war es, aber wie so viele Homologations-Sondermodelle litt auch der Boss 429 an der Grundkonstellation eines in eine Serienkarosse gestopften Rennmotors mit nur geringer Weiterentwicklung hinsichtlich eines normalen Straßeneinsatzes. Der große Hubraum brachte Ventile und Kanäle einer Dimension mit sich, die im alltäglichen Straßenverkehr nur bedingt tauglich waren. Fords Maßnahmen, um diesen Umstand

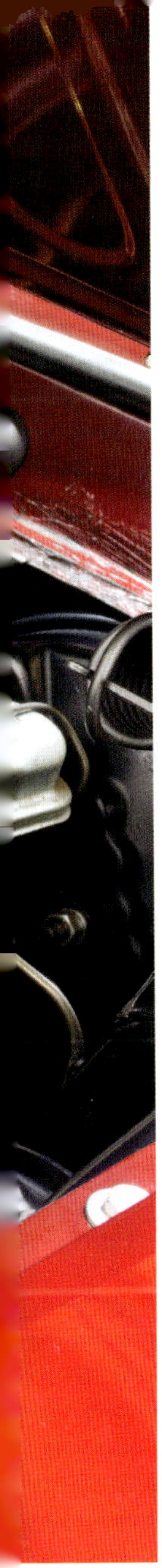

BOSS
429
Ford
STANDARD MOTOR PRODUCTS

BOSS
429

abzuschwächen, bestanden in einer zahmen Nockenwelle und einem vergleichsweise winzigen 735-cfm-Vierfach-Vergaser. Ein verzweifelter Versuch, diesem Durcheinander von einem Motor halbwegs Manieren beizubringen. Das machte die Maschine zwar nicht geeigneter für typischen Stop-and-go-Verkehr, unterdrückte dafür aber erfolgreich jeglichen Versuch des Boss-Triebwerks, seine Leistung unter Beweis zu stellen. Addiert man die aufkommenden neuen Bundesgesetze zur Schadstoffbegrenzung hinzu, kam unterm Strich ein Auto heraus, das zwar hinreißend schön, aber ein ziemlich lahmer Hund war.

BOSS
429
GOODYEAR
POLYGLAS CT
CALIFORNIA
ZMR 154

24

1970 Ford Torino Cobra 429 SCJ Drag Pack Convertible

Technische Daten

Stückzahl:	zwischen 4 und 10
Motorisierung (V8):	429 CUI
Leistung (SAE):	380 PS
Drehmoment:	610 Nm

War der Mustang ein riesiger Verkaufserfolg während der Hochzeit der Straßenrennen in den 1960ern, war Ford dennoch ein Verlierer. Trotz aller Erfolge bei den NASCAR- oder internationalen Rennen besaß die Company kein Serienfahrzeug, das ein sichtbarer Imageträger gewesen wäre – und somit befähigt, die Rennerfolge auf das Image der Ford-Großserie zu übertragen. Und obwohl das Unternehmen den Pony-Car-Markt praktisch beherrschte, hatte es in Sachen Muscle Cars den Anschluss schlicht verpasst.

1970 debütierte der potente 429-Cobra-Jet-V8 gemeinsam mit der 429-Super-Cobra-Jet-Option. Die Ventilsteuerung mit mechanischen Stößeln, die regelmäßiges Ventilspiel einstellen nach sich zog, war für diese Option nicht gerade verkaufsfördernd. Und was die hier gezeigte Kombination angeht, wählten nur vier bis zehn Kunden eine derartig wilde Mischung.

Einer der Gründe, warum einige der in diesem Buch gezeigten Autos so selten sind, besteht darin, dass sich ihre bloße Existenz oftmals nur schwer erklären lässt. Nehmen

GT

wir zum Beispiel Cabriolets, die ernsthaft für das Drag Racing dienen sollten. Drag Racer benötigen die leichtesten Autos mit allerhöchster Karosseriesteifigkeit, was in der Ära der Muscle Cars zumeist auf ein Non-Hardtop-Coupé (Zweitürer mit B-Säule) hinauslief. Cabriolets hingegen sind das genaue Gegenteil verwindungssteifer Automobile. Sie verlieren massiv an Steifigkeit durch das fehlende Stahldach. Zusätzlich gewinnen sie an Gewicht, weil man die fehlende Stabilität durch kiloschweren Einsatz zusätzlicher Versteifungen im Unterbau auszugleichen oder doch zumindest abzumildern sucht – das Mehrgewicht von Verdeckkonstruktion, elektrischen Stellmotoren etc. einmal völlig ausgeblendet. Und: Drag Racer brauchen Hinterachsdifferenziale, so kurz übersetzt wie möglich, was einen aushaltbaren Straßenbetrieb komplett ausschließt. Cabrio-Fahrer hingegen sind eine eher entspannte Klientel, die gemütlich den Highway entlangkullert und dem neuesten Lovin'-Spoonful-Song aus dem Acht-Spur-Cassettendeck lauscht. Infolgedessen unterschied sich die überwältigende Mehrzahl aller in den 1960er- und 1970er-Jahren gebauten Cabriolets signifikant von den klassischen Drag Racern. Beim kontemplativen Reflektieren über die Konstellation eines auf Drag Racing gebürsteten Cabriolets drängt sich einem ergo eine klitzekleine Frage auf. Sie lautet in etwa: »Häh?«

Die Antwort hierauf besteht natürlich darin, die Frage erst gar nicht zu stellen. Seien wir also lieber dankbar für die Handvoll Käufer, die Praktikabilität und Vernunft in den brüllenden Fahrtwind schossen und etwas so komplett Unsinniges bestellten, wie es in Gestalt dieses Ford Torino Cobra 429 SCJ Drag Pack Convertible zu sehen ist.

1971 wurden Klimaanlagen mehr und mehr zu einer Selbstverständlichkeit in amerikanischen Pkw, was in direkter Folge die Absatzzahlen von Cabriolets nachhaltig einstürzen ließ. Kam für sich genommen also bereits die Bestellung eines Torino als Cabriolet einer ziemlich unlogischen Entscheidung gleich, befand man sich mit seiner Order eines Torino GT Cabriolets mit 429er Cobra-Jet-V8, Viergang-Schaltgetriebe und Shaker Hood auf verdammt einsamem Posten. Mutmaßlich nur 27 solcher Wagen verließen die Montagebänder von Ford im Jahre 1970. Die Anzahl derjenigen Käufer, die noch einen Schritt weiter gingen und das Torino GT Convertible mit 429er Cobra-Jet-Drag-Pack-Motor mit oder ohne Shaker Hood, aber als Viergang-Schalter bestellten, soll gegen 17 tendieren. Und Torinos mit für den normalen Straßengebrauch völlig wahnwitziger Detroit-Locker-Hinterachse und giftiger 4,30:1-Übersetzung sollen zwischen vier und zehn Käufer gewollt und bekommen haben. Die meisten Interessenten jedoch wählten die deutlich nutzbarere Übersetzung von 3,91:1. Und selbst deren Kombination mit einem kurzen Viergang-Schaltgetriebe bedeutete nichts weniger, als dass die Maschine quasi in jeder Situation auf Volldampf lauerte. Was, wie gesagt, nicht unbedingt der Vorstellung des entspannten Dahingleitens entspricht, die man ansonsten mit dem Wort »Cabriolet« assoziiert.

Autolite

New shape of muscle for '70.
Striking Power!
Cobra-429 Drag Pack
Cobra's the one. A 429 CID V-8's the standard engine; 360 is the standard horsepower. Ford's great, butter-smooth 4-speed box with Hurst Shifter® is standard too. And for serious drag people, we've got the real earth shaker. Cobra Jet 429 Ram-Air V-8 with Drag Pack. It's got 11.0:1 compression, heavy-duty con rods and mains, a high riser intake manifold and header type exhausts. The 700 cfm 4-barrel carb breathes in from a through-the-hood shaker scoop. Then comes the drag pack: Traction-Lok Differential with 3.91 or 4.30:1 ratio, engine oil cooler, forged aluminum pistons and 4-bolt center main bearings. All this lean muscle is controlled by Cobra's competition suspension. It's nailed to the pavement with 7" rim wheels and F70 x 14 wide-tread glass belts. So get yourself a Big Snake and strike.
P.S.: If you've already got a Ford Stocker and you want to turn it into a real screamer, do your own thing with Ford MUSCLE PARTS. You'll find 'em in your Ford Dealer's Performance Corner.
Ford Power turns it on!
For the full story on all the performance Fords for 1970, visit your Ford Dealer and get our big 16-page 1970 Performance Digest. Or write to:
FORD PERFORMANCE DIGEST, Dept. CC-10, P.O. Box 747, Dearborn, Michigan 48121.
COBRA Ford
CAR CRAFT · JANUARY 1970 33

WIDE OVAL

TORINO
GT
WIDE OVAL

25

1968 Mercury Cougar GT-E 427

Technische Daten

Stückzahl:	101
Motorisierung (V8):	427 CUI Side-Oiler
Leistung (SAE):	390 PS
Drehmoment:	664 Nm

Für eine Weile durfte sich Fords Mustang ganz allein auf der Pony-Car-Weide tummeln, doch sein rekordverdächtiger Verkaufserfolg machte eine baldige Konkurrenz vorhersehbar. Tatsächlich dauerte es nicht lange, bis General Motors mit dem Chevrolet Camaro konterte und zusätzlich mit dem höher positionierten Pontiac Firebird. Nicht zu vergessen, lancierte auch Fords Schwestermarke Mercury ihr eigenes höher positioniertes Pony Car – den Cougar.

Im Gegensatz zum Firebird, der sich die Bodengruppe mit dem Camaro teilte, etwas verändert bei Grill, Heck und Ausstattungslinie, war der Cougar gegenüber dem Mustang wesentlich eigenständiger. Angefangen beim um drei Zoll längeren Radstand lag der Fokus des Cougar auf der Maxime »Luxus vor Leistung«. Anders als der Mustang, der als Coupé, Cabrio und Fastback angeboten wurde, gab es den Cougar anfangs ausschließlich als Coupé.

Ein Cabriolet wurde erst später nachgeschoben. Für die Basisausführung war ein XR-7-Paket bestellbar, eine Ausstattung, die in etwa dem RS-Paket des Camaro entsprach, zusätzlich war das GT Performance Package optional erhältlich. Beide Pakete konnten sowohl einzeln als auch zusammen geordert werden. 1968 wurde das weiterentwickelte GT-E-Leistungspaket für den Cougar angeboten, mit welchem das abgebildete Fahrzeug ausgestattet ist. Dieser GT-E besaß prinzipiell die gleichen Goodies wie die GT-Version – also ein verstärktes Fahrwerk, speziell gestylte Stahlfelgen, eine Hutzenattrappe und eine Abgasanlage mit weniger Gegendruck –, ersetzte jedoch den 335-PS-V8 mit 390 Kubikzoll durch den 427er V8 mit 390 PS.

7.0
LITRE
GT·E

7.0
LITRE
GT·E

1968 ließ Ford die Produktion seines legendären 427er Side-Oiler auslaufen und ersetzte diesen durch den 428. Das einzige Auto innerhalb des Konzerns, das 1968 (zumindest in seinen ersten Produktionsmonaten, bevor besagter 428 zur Jahresmitte seinen Platz einnahm) mit 427er Maschine zu bekommen war, hieß Mercury Cougar GT-E 427.

Das hier gezeigte Fahrzeug wurde am 18. Dezember 1967 von George Alto bestellt, dem Besitzer von Alto Lincoln-Mercury in Eau Gallie, Florida. Damit gehörte Alto zu den ersten Händlern, die den Cougar mit der neuen High-Performance-Option wählten. Das Auto wurde am 4. März 1968 gebaut, zehn Tage nach seinem ursprünglich vorgesehenen Produktionsdatum. Alto verwendete den Cougar für sich persönlich, ehe er ihn am 19. März 1969 mit einer Gesamtfahrleistung von nur 300 Meilen (die er vermutlich während diverser Viertelmeilenrennen sammelte) an Clair Koehler veräußerte. Dieser Wagen ist einer von nur 101 Cougar mit 427er Motor und C6-Automatikgetriebe und wurde im Rahmen der Cougar-Werbekampagne zur Markteinführung des Modells gezeigt. Es ist somit der rote Cougar GT-E 427 aus den 1967er Cougar-Prospekten. Der Wagen ist vollständig original erhalten und besitzt eine Gesamtlaufleistung von 36000 Meilen.

Cougar

Anmerkungen des Fotografen

Auto-Fotografen verfügen über verschiedenste Methoden, ein Fahrzeug ins richtige Licht zu rücken. Ich persönlich bin bekannt als Tageslicht-Fotograf, was bedeutet, dass ich die meiste Zeit eines Tages mit der Suche nach geeigneten Locations für die Aufnahmen in meinen Büchern verbringe. Habe ich den jeweils passenden Ort gefunden, mache ich mich drei oder vier Stunden vorm Einbrechen der Dunkelheit gemeinsam mit dem automobilen Objekt meiner fotografischen Begierde dorthin auf den Weg. Die Besitzer der Fotomodelle auf Rädern sind natürlich ebenfalls immer dabei. Für *Muscle Cars* hingegen war der Herausgeber der Ansicht, dass es nunmehr Zeit für mich sei, ein paar neue Tricks zu erlernen – und anzuwenden.

Seit zehn Jahren arbeite ich nun schon mit Dave Wendt zusammen. Er ist einer von vielleicht einer Handvoll Fotografen, die Autos per Light Painting in Szene setzen. Diese Methode unterscheidet sich beachtlich von dem herkömmlichen Weg, Autos mit großen Softboxen an der Studiodecke und zusätzlichen Lampen auszuleuchten. Light Painting lässt das zu fotografierenden Objekt »organischer« erscheinen, lebendiger – und »spontaner«, wie ich hinzufügen möchte. Um eine Vorstellung von Daves Arbeiten zu bekommen, genügt ein Klick auf www.davewendt.com.

Dave arbeitet seit Jahren nach dieser Methode. Gemeinsam machten wir die Fotos für das Buch *Legendary Corvettes*. Ich bewundere und respektiere seine Arbeit. Rund 100 Autos habe ich ihn bisher fotografieren sehen. Ich selbst habe es bisher auf gerade einmal 30 solcher Aufnahmen gebracht.

Die Technik, nach der die Aufnahmen entstehen, ist dabei nur scheinbar unkompliziert. Stellen Sie sich vor, jemand platziert ein atemberaubendes Fahrzeug vor Ihnen und drückt Ihnen zwei verschieden helle Arbeitsleuchten in die Hand. Befestigen Sie die Kamera auf dem Stativ, stellen Sie scharf und wählen Sie eine Belichtung zwischen acht und 15 Sekunden, abhängig von der Länge des Fahrzeugs. Wählen Sie eine Belichtung zwischen Blende 11 und 16 – die korrekte Einstellung ergibt sich bei Sichtung der ersten vorläufigen Ergebnisse, hier justieren Sie einfach nach. Jetzt stellen Sie die schwächer leuchtende Handlampe an, löschen alle übrigen Studiolichter, lösen die Kamera aus und gehen in einem regelmäßigen Abstand und in gleichbleibendem Tempo um das Auto herum, bis die Runde im Kasten ist. Klick! Das Ganze wiederholen Sie 20- oder 30-mal. Dabei nicht die Kamera berühren! Die Pixel müssen jeweils genau übereinanderliegend aufgenommen werden, das ist wichtig für die darauf folgende Montage.

Sieht man so etwas zum ersten Mal, ist man schlicht von den Socken. Ich beobachtete den sich bewegenden Lichtschein, verfolgte die Bewegung von Daves weißen Sportschuhen, die durch die Szenerie marschierten. Das Ergebnis zeigte einen Lichtstrahl, der die jeweils spezifisch-charakteristischen Linien des Fahrzeugs hervorhob, eine Dachlinie oder das Einstiegsblech. Kein Dave war darauf zu sehen! Normalerweise müssen Menschen immer schwören, sie hätten ein Wunder *wirklich* gesehen. Wir hatten Daves Bilder.

Nächster Durchgang, variieren Sie die Höhe der Handlampe, umrunden Sie das Fahrzeug mit dem Licht in Bodenhöhe, Kniehöhe, Hüfthöhe, Brusthöhe, Kopfhöhe, schließlich mit über den Kopf erhobener Lichtquelle. Versuchen Sie, das Licht an den Stoßstangen oder der Dachkontur entlangfließen zu lassen. Wiederholen Sie das Ganze mit der stärkeren Lampe.

Mit dieser Methode »malen« Sie das Auto mit Licht. Doch während ich im Dunkeln über Verlängerungskabel stolperte, gegen Studiowände, die Autos und andere Dinge lief, wurde mir bewusst: Das hier ist nur der Anfang, Randy. Das hier war der einfache Part.

Schon seit Jahren bearbeite ich meine Fotos in Photoshop. Farbverlauf und -intensität, Schatten, Kontrast, das Setzen von Glanzlichtern – kein Problem. Als ein »Licht-Maler« bediente ich mich dieser Features ebenso – allerdings noch vieler mehr.

Ich demonstriere das einmal am Beispiel des Buick GSX Stage 1. Zunächst experimentierte ich mit Licht emittierenden Dioden (LED). Diese sind interessante Lichtquellen, bestehen allerdings zumeist aus 48 oder gar 400 einzelnen LEDs. Weil die meisten Autos, die es wert sind, fotografiert zu werden, jedoch zumeist spiegelglatt lackiert und poliert sind, erhält man als Resultat 48 oder 400 unerwünschte Glanzlichter, die munter auf der Oberfläche reflektieren. LED-Lichter, so musste ich lernen, funktionieren am besten dort, wo sich keine spiegelnden Lackflächen befinden – also zum Beispiel in Motor- oder Innenräumen.

Okay, was also nehmen wir anstatt LED-Technik für die anderen Aufnahmen? Als Erstes kaufte ich eine Zwölf-Zoll-Fotolampe. Diese »Schüssel« aus gebürstetem Aluminium macht mit ihrer 75-Watt-Birne ein wundervolles Licht. Außerdem orderte ich gleich noch eine weiße 24 x 32-Zoll-Softbox. Deren handliche Dimensionen erlauben eine einfache und sichere Handhabung, die bestens geeignet ist, um den Buick in der vorhin dargestellten Praxis zu umrunden. Stets darauf achten, dass die Rückseite der Box wirklich lichtdicht ist, sodass kein Schimmer an unerwünschter Stelle entweichen und entsprechend unschöne Spuren auf den Aufnahmen hinterlassen kann. Sicherheitshalber sollte man eine 200-Watt-Birne verwenden, damit keine zu große Hitze ein Loch in den Stoff der Softbox brennt. Widerstehen sollte man zudem der Versuchung, silberne Softboxen oder solche mit Zebramuster zu verwenden. Mich packte die Lust, damit zu experimentieren – den Preis hierfür zahlte ich dann später bei der Montage der Aufnahmen. Ich machte so ziemlich alle Fehler bei diesem Shooting, die man nur machen kann. Und 30 Autos, fotografiert über einen Zeitraum von 20 Kalendertagen, bieten Gelegenheit zu schwerwiegenden Fehlern im Überfluss ... Gleichzeitig ließ diese 30-fache Herausforderung mit ihrer steten Wiederholung bei mir das Verständnis dafür wachsen, wie Light Painting funktioniert. Als ich die Muscle-Car-Sammlung zum 30. Mal verließ, hatte ich die Methode verinnerlicht.

Darüber hinaus machte mich Canon-User Dave mit CamRanger vertraut. Dieses Programm erlaubt die Handhabung vollautomatischer Kameras per Fernbedienung. Dave benutzt hierfür sein Smartphone, ich als Amateur bevorzuge das Tablet (größere Darstellung). Über ein eigenes Wi-Fi-Netzwerk stellt CamRanger die Verbindung zur Hightech-Kamera her und erlaubt das Einstellen von Verschlusszeit und Belichtung und sogar das Scharfstellen an Autofokus-Objektiven. Der Vorteil beim Light-Painting-Prozess ist dabei der mögliche Verzicht auf einen Assistent, der ständig den Auslöser bedienen müsste. Außerdem konnte ich auf dem Tablet immer unmittelbar erkennen, ob das Ergebnis gelungen war oder ich es vermasselt hatte. Eigentlich fotografiere ich im RAW-Format, da CamRanger aber schneller mit kleineren JPGs läuft, befahl ich meiner Kamera, beides abzuspeichern.

Ob ich gesiegt hatte, zeigte sich endgültig erst bei der Montage. Bei 30 Autos mit jeweils bis zu acht verschiedenen Ansichten hatte ich nur selten Umrundungen in ausreichender Anzahl. Einige Motive waren derart misslungen, dass sie nicht den Weg ins Buch fanden. Andere grenzen schlicht und ergreifend an Wunder.

Dave hatte mich gewarnt: »Hör nicht auf zu fotografieren! Gehe sicher, dass du genug Umrundungen hast!« Und ich kann nur ergänzen: Wenn du glaubst, alles im Kasten zu

Oben: Rohmaterialien: Auto, Ort und kontrolliertes Licht. Im Innern eines Gebäudes brauchst du annähernde Finsternis, um späteres Entfernen von unerwünschten Reflexionen und von Streulicht zu vermeiden. Genauso verhält es sich mit Nachtaufnahmen, bei denen Straßenlampen und Gebäudebeleuchtungen derartiges Nacharbeiten in Photoshop nötig machen.

Meine erste Umrundung fand mit kopfüber gehaltener Lichtquelle statt. Sie förderte den Umriss des Autos zutage, den ich mit dem Licht aus weiteren Umrundungen auffüllte. Im Falle des Buick GSX Stage 1 umrundete ich den Wagen mehrere Male zunächst mit der hellen Lichtquelle, danach mehrfach mit der Softbox. Erst nach Sichtung aller Ergebnisse entschied ich mich für den hier abgebildeten Status als Ausgangsbasis.

Dieser Durchgang mit auf Kameraseite hoch erhobener, direkt auf den Buick gerichteter Softbox brachte Farbe auf Motorhaube und Dach. Zusätzlich sorgte es für sanfte Reflexionen auf der Windschutzscheibe und am Heck des Wagens. Wie bei dem vorhergehenden Bild repräsentiert auch dieses hier einen von fast einem Dutzend »Rundgängen« um den Buick herum, mit dem Ziel, Reflexionen dort zu erhalten, wo ich sie mir wünschte.

Diese Umrundung geschah mit aufs Auto gerichteter Softbox in Hüfthöhe, sodass Reflexionen auf den Scheiben der Fahrerseite entstanden. Bei hoch reflektierenden Flächen entspricht der Einfallswinkel des Lichts dem Ausgangswinkel. Man muss genau überlegen, wo das Licht auf das Auto fallen muss, um die Linse der Kamera korrekt zu erreichen.

Bei diesem Rundgang brachte der von der Kamera weg und aufs Auto gerichtete helle Scheinwerfer die Farben zum Leuchten, ohne dabei unerwünschte Reflexionen zu verursachen. Das Licht hielt ich sehr nah an das Auto, um die charakteristische Sicke in der Seitenlinie des Buick herauszuarbeiten. Es zeigt nicht nur das Auto, sondern definiert auch wunderbar dessen Formgebung.

Die nah an die Front des Wagens gehaltene Softbox leuchtete den Grill, die Einfassung der Scheinwerfer, Stoßstange und Nummernschild aus. Separate Versuche mit Softbox und mit hellerem Handscheinwerfer erbrachten völlig unterschiedliche Ergebnisse.

Unten: Das letzte Bild entstand bei ausgeschaltetem Studiolicht und ohne Softbox oder Handscheinwerfer. Bei geöffneter Kameralinse blendete ich die Scheinwerfer des Buick mehrere Male hintereinander auf und ab. So wird deren Lichtschein sichtbar, jedoch ohne die Zeichnung der Streuscheiben. Das Fotografieren von Scheinwerfern und Seitenbegrenzungsleuchten im Dunkeln gelingt bei einigen Autos besser als bei anderen. Persönlicher Geschmack und Experimentieren bestimmen, was abschließend gefällt.

haben, und selbst ebenfalls völlig fertig bist – dann nimm den Scheinwerfer erneut in die Hand und mach dich noch einmal auf den Weg. Das hat nichts mit Obsession und Getriebenheit zu tun. Sondern ist lediglich Empfehlung – und Erfahrung – eines Leidgeprüften, der sich nicht immer an alle wichtigen Regeln hielt ...

Ich hatte mir als Ziel vorgenommen, jeweils zwei Autos in zehn oder elf Stunden komplett durchfotografiert zu haben, an jeweils fünf Werktagen in Folge. Dies beinhaltete die Seitenansicht, Dreiviertel-Frontansicht, Dreiviertel-Heckansicht, ein bis zwei Motorraum-Motive, ein bis zwei Interieur-Bilder sowie bis zu zwei weitere Details. Ein Plan, der sich als deutlich zu ambitioniert herausstellen sollte.

Ich vergleiche eine erste Light-Painting-Session gern mit einer Partie 3D-Schach, die man mit verbundenen Augen spielt: Man kann sich im Geiste ausmalen, was man tut, es aber nicht sehen. Selbst wenn man sein jüngstes Bild auf dem CamRanger betrachtet und denkt: »Super, dieses Motiv hast du im Kasten. Yippieeh!«, erschließt sich noch nicht das Endergebnis

Die Frage ist nämlich, ob dieses Motiv – oder mehrere davon – dir das liefern, was du zur Beschreibung, zur Definition oder zum Skulpturieren des Autos benötigst. Der Moment der Wahrheit kommt, wenn du die Bilder am Computer übereinanderlegst. Du kannst in jeder Ebene jedes Bildes Modifikationen vornehmen, alles ausprobieren, anwenden, erlernen. Ist man nicht hundertprozentig Photoshop-fest (so wie ich es noch immer nicht bin ...), stellt dies die nächste große Herausforderung dar.

Die besten meiner Bilder in diesem Buch können dem Werk von Dave oder anderen der besten Light Painter nicht das Wasser reichen. Doch ich liebe Herausforderungen. Und diese hier war eine verdammt gute.

BUNTE ABENTEUER UND NOSTALGISCHE MOTORSPORTLER

Drei Freunde in der Mitte ihres Lebens suchen nach einem Abenteuer. So kommt es, dass sie 2014 – pünktlich zum traditionellen „Anrollern" am 1. Mai – zu einer außergewöhnlichen Reise aufbrechen: Als Team Motorliebe kreuzen sie mit drei alten Vespas durch die USA.
Neben bunten Abenteuern, Routen- und Reisebeschreibungen, technischen Infos zum italienischen Kultgefährt und vielen humorvollen Anekdoten liefert diese Roadstory fantastische Fotos.
Diese Roadstory markiert den Beginn eines ganz neuen Reisegefühls: Mit der Vespa um die Welt!

Motorliebe präsentiert
Auf der Vespa durch die USA

ISBN 978-3-667-10179-2

Knut Gielen hat aus diesem britischen Stück Land ein bibliophiles Ereignis gemacht: Entstanden ist ein kunstreicher Bildband über drei traditionelle Treffen, die alljährlich auf dem riesigen Anwesen des gleichnamigen südenglischen Herrenhauses stattfinden: ein Treffen für nostalgische Motorsportenthusiasten.
Traumsicher fängt der Autor die Atmosphäre von Goodwood ein: auf den Pisten, auf den Rängen, auf den Parkplätzen, auf den Wiesen ringsum. Da saust und braust es in diesen Bildern, da wird repariert, paradiert und flaniert.

Knut Gielen
Goodwood
zweisprachig (dt. und engl.)

ISBN 978-3-667-10127-3

Erhältlich im Buch- und Fachhandel oder unter www.delius-klasing.de

DELIUS KLASING

STAGE X

RAM AIR IV